REFLEXIONES SOBRE LAS VICISITUDES DE LA INFORMACIÓN

Fernando Ruiz Rey

REFLEXIONES SOBRE LAS VICISITUDES DE LA INFORMACIÓN

Por Fernando Ruiz Rey
Médico psiquiatra. Raleigh, NC. USA

Copyright (Derechos de Reproducción)
© Enero 18, 2016 – Fernando Ruiz Rey

EAN 13 - 978-0692623695 (OIACDI)
ISBN 10 - 0692623698

Fecha de publicación: Enero 18, 2016
Filosofía de la Ciencia

Diseño de portada e interior: Mario A. Lopez

Impreso y encuadernado en Estados Unidos de América.

OIACDI

Organización Internacional para el avance Científico del Diseño Inteligente

INDICE

Capítulo I

LA COMUNICACION DE INFORMACION EN LA VIDA COTIDIANA

NOTA PRELIMINAR

En nuestro mundo cotidiano oímos con creciente frecuencia la palabra 'información'. Este vocablo aparece particularmente ligado a los medios de comunicación: la prensa, la televisión, la radio, y ahora la Internet. Pero el uso de este término no se limita a este sistema de divulgación de noticias y de reportajes, sino que también aparece en ciencia y en tecnología, como 'ciencia de la información o informática', en que la 'información' aparece codificada para emplearse en artefactos electrónicos de variada índole y uso, de los cuales sobresalen por su popularidad y consumo, el computador (ordenador) y los multifacéticos teléfonos móviles de ascendente admiración y adicción. Pero aún más, en el campo de las ciencias de la naturaleza se oye hablar de 'información biológica', incluso en cosmología se dice que en los 'hoyos negros' en decadencia se 'pierde la información' que ha sido tragada por estas misteriosas formaciones cósmicas.

Con esta profusión de usos y contextos en que aparece el término 'información', no es de extrañar que las personas comunes y corrientes, se sientan desorientadas y confundidas con respecto a lo que básicamente significa este manido vocablo. Y no resulta tampoco aventurado sospechar que tan variado uso de este término pudiera engendrar alguna confusión en las diversas áreas en que se emplea.

Con el advenimiento de las técnicas que han hecho posible el uso de instrumentos electrónicos para manejar inmensa cantidad de datos con abismante rapidez, la información –

conocimiento--, se ha convertido en una presencia social que se impone, prácticamente en todas las áreas de la vida, al punto de que se habla de la "sociedad de información", en la que la información se ha convertido en una mercancía de uso práctico y de necesidad académica. (Sholle, David) La erupción de tecnologías de la información (infraestructura de la información, internet, imágenes digitales, realidad virtual, etc.) se ha apoderado de la atención de científicos, políticos, militares, economistas, etc., generando un clima de expectación de cambios notables, y un vasto comercio de artículos informáticos, que ha desencadenado debate y controversia por su magnitud y penetración. La información sin duda representa un avance notable para el progreso de la comunidad, pero también es claro, que el término 'información', aun con sus imprecisiones y ambigüedades ha inundado de esperanzas desmedidas al público general y a los especialistas en informática, en su capacidad de resolver problemas de todo tipo.

Para una persona no especialista en informática ni en comunicación, esta explosión de la información a tan distintos niveles de la actividad humana, resulta confusa y a veces desconcertante. Es por esto que me he atrevido a explorar el tema y a compartir algunas reflexiones con aquellos que no están familiarizados con la proliferación de sentidos y alcances del vocablo información. Es muy cierto que es casi imposible hacer una revisión completa de las complejidades de esta materia, pero en verdad, esa no es la meta que me he propuesto, solo he querido clarificar de la mejor manera que me es posible, distintos aspectos y sentidos con que se usa el término información, aunque me he interesado y explayado un poco más en algunos temas, particularmente en el terreno de la información biológica, por constituir un extraordinario avance científico de interesantes repercusiones.   De manera que pido al lector que tenga presente que este trabajo es una exploración muy general de este tema, y naturalmente no está dirigido a especialistas ni académicos de biología, ni informática, y muy particularmente le ruego, que acepte las limitaciones inevitables de una tarea de esta envergadura.

SITUACIÓN CONCEPTUAL DE LA INFORMACIÓN.

Al revisar las definiciones usuales de información se encuentra con mucha frecuencia que se describe como un conjunto complejo de datos organizados que transmite un mensaje que genera o cambia el estado del conocimiento del sujeto que recibe esta información. Este bosquejo nuclear de una de las definiciones ordinarias de información, nos muestra algunas características que parecen importantes de tener presentes para entender los rasgos fundamentales de este concepto, y las variaciones que sufre cuando se emplea en contextos diferentes a la de la comunicación directa entre seres humanos, que en buenas cuentas es el núcleo primario de la experiencia humana, en el que se genera información.

Con los rasgos señalados, la información puede considerarse como un proceso que envuelve un agente consciente e inteligente que provee algún tipo de conocimiento al sujeto o sujetos a los que se dirige. De partida entonces, se puede decir que hay tres segmentos importantes en este proceso, un agente efector, un agente receptor, y la trasmisión del mensaje que se comunica. Si nos detenemos un momento en el primer segmento de este proceso de comunicación, notaremos que un sujeto comunica un estado mental –conocimiento, vivencia, ideas, etc.--, para lo cual es necesario una decisión voluntaria, y un propósito, puesto que va dirigido a un sujeto(s) que recibe el mensaje; y por implicación, se espera una respuesta o una reacción del agente que lo recibe. Estos dos polos –agente generador y agente receptor--de la comunicación directa humana, son obviamente esenciales para que ocurra el proceso de información; sin un sujeto que comunique, y un sujeto que reciba y esté abierto al mensaje, simplemente no hay ni comunicación, ni información alguna. Es importante recalcar que entre el agente que inicia la comunicación con la información que contenga, y el sujeto(s) receptor, se establece una relación condicionante, ya que la comunicación iniciada tiene un propósito (aunque sea vago) dirigido a un agente(s) receptor; no se trata de una interacción neutra, sino que viva, íntimamente ligada al propósito de uno y a las condiciones del otro. Sin esta relación condicionante la comunicación se distorsiona y su contenido informativo puede también distorsionarse o perderse.

Se podría argumentar que los animales superiores poseen alguna capacidad de entender mensajes, órdenes por ejemplo, y así ocurriría un proceso de transmisión de información; no se pone en duda que entre estos animales, y entre animales y hombres, se genera una comunicación y un cierto entendimiento en sus relaciones. Pero, ya no es tan claro que haya una transmisión de información propiamente tal, que en mejor de los casos sería una información muy limitada y contaminada con aprendizaje animal generado por diversos medios (emocionales, conductuales, etc.).

Para la intercomunicación humana son necesarias las palabras: el lenguaje, aunque no siempre, puesto que la interacción se puede limitar a otros elementos no verbales como, miradas, gestos, conducta, expresión corporal, etc. En estas situaciones también los agentes envueltos aprenden algo, aunque no sea un aprendizaje conceptual. En todo caso, es definitivo que el lenguaje juega un papel fundamental en la comunicación interpersonal, y particularmente en el traspaso de conocimiento conceptualizado o simbolizado. El lenguaje posibilita el intercambio de estados mentales, lo que indica que es un 'instrumento' que significa contenidos, en este caso, de estados subjetivos (conocimiento, vivencias, ideas, etc.). El lenguaje es entonces un vehículo de transmisión, tiene sentido y significado para ambos sujetos, el que inicia la comunicación y el que la recibe. En una comunicación interpersonal directa, lo transmitido no se limita solo al contenido del lenguaje, este va acompañado, y apoyado por los otros elementos expresivos mencionados más arriba, incluyendo además, el tono y la velocidad del habla que enfatizan algunos puntos del mensaje, considerados importantes, y muestran el telón de fondo emocional de la comunicación, y además facilitan la evaluación de su idoneidad.

De manera que información se refiere en el lenguaje habitual, a los mensajes de tipo conceptual que genera un agente para transmitirlos a un agente receptor, para lo cual es necesario que sean, coherentes, inteligibles, relevantes y novedosos, para calificar como información propiamente tal. En las definiciones corrientes de información se enfatiza la trasmisión de conocimientos concretos, de modo que el agente receptor aprenda algo que no sabía, que cambie su estado de "incertidumbre" de conocimiento. La incertidumbre no es un estado abstracto del agente(s) receptor, sino un estado concreto de ese agente particular, dependiente de varios factores, entre otros, de sus necesidades y del interés que posea por el tema de la información, y de su estado de ánimo. Igualmente sucede con el otro rasgo definitorio de la caracterización habitual de información, esto es: comunicación de conocimientos positivos para remediar la incertidumbre, este conocimiento tiene que ser relevante o, de algún modo necesario para el agente(s) que lo recibe. El estado de incertidumbre y el conocimiento que se comunica, se calibran bastante, o razonablemente bien en una comunicación interpersonal directa, pero como veremos más adelante, con los cambios de sentido y significado que sufre el término información con la informática y su aplicación a diversos dominios del saber, se pierde la relación condicionante de la comunicación humana directa, con la consecuencia de que el estado de incertidumbre se transforma en un concepto genérico abstracto, y el término información pasa a estar condicionado por la incertidumbre que supuestamente disipa, buscándose un conocimiento positivo (útil) máximo, y descarnado.

Se puede afirmar con confianza que la información se da en una 'comunicación interpersonal', y es, sin duda, una parte muy importante y fundamental de ella. Sin embargo, la comunicación interpersonal va más allá de los mensajes cognitivos, es un proceso rico en matices expresivos que facilitan la transmisión de estos mensajes y enriquecen la interacción humana. De modo que en la comunicación humana corriente, no todos los 'mensajes' son verbales, ni todos los mensajes verbales son claramente coherentes, además en la comunicación interpersonal habitual, hay que considerar el contexto y la situación en que ocurre para entender debidamente su sentido; toda comunicación se genera en un contexto situacional; por lo que la evaluación del carácter informativo de un mensaje descontextualizado, es limitada y puede resultar distorsionante.

Como hemos señalado en las definiciones corrientes de información, se enfatiza como definitorio, la comunicación de conocimiento útil, --intelectual o práctico--, sin embargo, en muchas de las interacciones personales de la vida diaria, se gana 'conocimiento' en comunicaciones triviales y superficiales, en bromas verbales y lenguaje de doble sentido; este no es un conocimiento, necesaria y directamente, de carácter intelectual, ni práctico utilitario, pero muestra el mundo y la gente en su sentir y en su valorar, lo que constituye un conocimiento vital muy importante, para ajustarse al medio que en se vive. Muchas veces conversaciones aparentemente superfluas y tautológicas que no aportan un conocimiento intelectual o utilitario, tienen sentido en el contexto que se dan, y favorecen el conocimiento mutuo de los agentes envueltos. El conocimiento ganado en estas situaciones, no constituye información propiamente tal, aunque sea de vital importancia para los seres humanos. Además, es conveniente recordar que, a menudo oímos o leemos 'información basura', que no nos aporta un verdadero conocimiento, solo un 'conocimiento' de lo que no vale mucho, o no vale nada, de basura desechable; sin embargo, este 'conocimiento negativo' fortalece nuestro poder de discernimiento y elección, y constituye un conocimiento más amplio y sutil de lo que habitualmente entendemos por conocimiento (intelectual y útil). En la jerga del momento, un mensaje que no brinda un conocimiento conceptual –o, traducible a lo conceptual--, y que no disipa incertidumbre, no se considera una información propiamente tal.

De manera que limitar el conocimiento solo a un aprendizaje intelectual conceptual, o utilitario implica un reduccionismo muy significativo de la comunicación humana. Con la totalidad de la interacción humana, se va adquiriendo una experiencia formativa para nuestro ser, que es difícil traducir en palabras, pero que resulta esencial en nuestro vivir y actuar. Este aprendizaje vital es sin duda un conocimiento fundamental en la vida de los seres humanos, por lo que reducir conocimiento a lo conceptual coherente, intelectual o útil, limita considerablemente la concepción de la comunicación humana, y los modos de adquisición del conocimiento.

De todas estas consideraciones es fácil desprender que lograr una definición precisa de información es muy difícil, y si se intenta, el resultado es una definición estrecha, reduccionista, que no refleja adecuadamente la riqueza de la comunicación humana y la información (mensajes) que en ella se gestan.

En el clima cultural actual, influido por el desarrollo de la Informática, información y adquisición de conocimiento (útil) se han hecho sinónimos. Sin embargo, y en rigor, hay que reconocer que el ser humano adquiere conocimiento de muchas maneras; como ya hemos apuntado, el solo vivir y comunicarse con los congéneres, constituye una fuente irremplazable de conocimiento, por lo que reducir conocimiento solo a la información conceptual recibida, representa una severa distorsión de conceptos, y con el riesgo de postergar la importancia de la comunicación humana en la vida del hombre. En esta atmosfera de desorden de conceptos, es conveniente tener muy presente que se gana conocimiento, no solo por la información, sino también observando y estudiando --directa o indirectamente--, las cosas de este mundo y las situaciones en que se vive. Esta confusión es muy frecuente de observar en el uso del término información, y curiosamente, en especial, a nivel de las ciencias de la naturaleza. Porque se puede obtener conocimiento de una piedra, mirándola, pesándola, experimentando con ella, este conocimiento no es producto de ninguna 'información', puesto que la piedra no envía ningún mensaje intencional con un sistema de datos o signos especialmente generado para este propósito. Sin embargo, por practicidad en este trabajo vamos a usar el término información, siguiendo la definición reduccionista, para referirnos a mensajes coherentes y significativos, que pueden ser conceptuales o simbólicos de otro tipo, o funcionales operativos de artefactos electrónicos, o de estructuras biológicas operadas con información biológica. Pero con perfecta conciencia de que se trata de una reducción del proceso de comunicación interpersonal con información. Esta limitación del concepto de información (reducción) debe tenerse en cuenta, particularmente cuando se intenta o, se pretende reducir los fenómenos humanos a mera 'información', o incluso reducir la realidad a 'información', habiéndose perdido el sentido primario del término.

En el lenguaje actual, tanto popular como científico, la información también ha pasado a ser equivalente a 'conocimiento, a 'saber cómo' (intelectual y utilitariamente), con lo que la información ha ganado gran prestigio y valoración, convirtiéndose en un artículo suntuario de valor productivo, que se protege y se paga. De aquí que a nuestro tiempo se le denomina la época de la información o del conocimiento.

Medio transmisor de información. Un 'mensaje informativo' existe inicialmente en la mente del sujeto que inicia la comunicación, es un estado subjetivo que éste pone fundamentalmente en términos conceptuales mediante el lenguaje. Este mensaje existente en el plano subjetivo se transmite con palabras a través de un medio material –el aire que nos rodea--, para alcanzar al individuo receptor que capta y entiende el mensaje materializado en forma de ondas sonoras. Este es el medio habitual en que se materializan los mensajes cotidianos del ser humano, y las ondas sonoras (voz) representan las palabras significativas del mensaje así materializado. En ambos polos de este proceso de comunicación verbal directa de información, como hemos visto, encontramos un agente productor de la voz, y un agente receptor de las ondas sonaras que es capaz de decodifica el mensaje, natural y automáticamente, y es capaz de entenderlo. Pero no hay que olvidar que el lenguaje cotidiano no es el único modo de comunicar nuestros estados interiores, tenemos además otras expresiones lingüísticas y simbólicas de variados tipos que pueden utilizarse en mensajes informativos diversos; y también contamos con las expresiones artísticas, emocionales y corporales, que podrían no considerarse información propiamente tal de acuerdo a la definición en boga, --centradas principalmente en mensajes cognitivos--, pero realmente este tipo de mensajes, comunican un estado interior, vivencias, y son sin duda de utilidad en diversas situaciones (comerciales, médicas, profesionales, interpersonales, etc.).

Los medios materiales utilizados en la comunicación interpersonal para transportar mensajes informativos son variados, siendo la voz humana –ondas sonoras--, el medio más habitual y natural en la vida corriente. El otro medio ordinario para transportar mensajes es la escritura – fundamentalmente tinta y papel--, codificado con signos – letras--, que simbolizan sonidos, palabras y conceptos inteligibles (también se pueden escribir mensajes con otros signos y símbolos); la escritura permite el transporte de los mensajes, su almacenamiento y su difusión espacio temporal.

La comunicación verbal directa es naturalmente la más

rica, con más capacidad de expresión en un amplio sentido. Este espectro de posibilidades de expresión y contacto interpersonal se reducen cuando la comunicación se acota a mensajes informativos que usan un medio de transmisión diferente al habitual de las ondas sonoras de la comunicación directa. En el lenguaje escrito, el mensaje cognitivo queda reducido a los signos usuales del idioma, perdiendo todos los otros elementos que lo acompañan en la comunicación directa, expresión corporal, tono de la voz, gestos, énfasis y modulaciones, que ayudan a su comprensión; el mensaje se empobrece. Este empobrecimiento se hace más notorio en algunos temas más que en otros; así, una información escrita sobre matemática no echa tanto de menos los elementos, llamémoslos secundarios de la comunicación verbal directa, como sucede en el caso de un poema, o de una carta de amor. Dicho esto, queda claro que en la comunicación directa entre dos o más personas, los mensajes informativos que circulan entre ellos, están enriquecidos por numerosos elementos comunicativos que fortalecen y afinan la mera 'información conceptual'. La situación de empobrecimiento de la comunicación se hace también palpable cuando el medio de transporte es electrónico y masivo, aunque la transmisión de imágenes y voces, mitigan la ausencia de comunicación directa.

Es importante notar, y enfatizar, que los mensajes significativos que constituyen la información, son independientes del medio 'material' que los transmite, y es contingente. La información no está regida por leyes necesarias, sino que depende de la voluntad y de la creatividad del agente inteligente que la genera, y el vehículo utilizado (signos, símbolos); y, su codificación en el medio material son, además, electivos, excepto obviamente el lenguaje hablado espontáneo que se codifica en las ondas sonoras en forma natural, sin intervención especial del sujeto. Las limitaciones de esta libertad en la expresividad, la constituyen las formas y convenciones necesarias para que los mensajes sean inteligibles.

Como ya se ha señalado, los medios usuales de la comunicación humana son, la voz –ondas sonoras—, y la escritura. Históricamente la escritura, especialmente en papel, ha sido de importancia mayúscula en la transmisión y almacenamiento de información (conocimiento), con un impacto impresionante en el progreso de las ciencias y de la cultura. En el último siglo, los medios electrónicos han cobrado un rol creciente y revolucionario en la transmisión de información, y ya no se trata solo de transmitir mensajes en lenguaje escrito o verbal, --una simple comunicación para instruir a otras personas--, sino que también un ser humano –un agente inteligente--, puede enviar 'señales' por medios electrónicos a artefactos equipados para responder a esa 'información funcional', y realizar diversas operaciones; el ejemplo más destacado en este aspecto es la robótica. Pero además de mensajes significativos y funcionales, los medios electrónicos permiten enviar música, grabados y pinturas, fotografías, etc.; ya no se trata solo de transporte de mensajes cognitivos u otros mensajes simbólicos significativos, sino que de imágenes y música; en estos casos, no se comparten ideas o conocimiento conceptual, sino más bien 'objetos' relacionados a vivencias artísticas, o de otro tipo,   que   se   pueden   codificar   y   trasmitir electrónicamente, y que son naturalmente significativos para los agentes envueltos en el proceso de información.

El avance científico y técnico de la informática y ciencias de la computación han hecho posible el descubrimiento y utilización de nuevos medios que pueden materializar información y señales diseñadas; solo para mencionar algunos: los cables de fibra óptica (en la Internet) que utiliza fotones en vez de electrones como la electricidad; la luz, con ventajas frente a la fibra óptica, ya que esta al llegar a un computador debe utilizar electrones que disminuyen su rapidez y aumenta el consumo de energía; el ADN, y los computadores que usan estados cuánticos, comienzan ya a ser una realidad. (Abrar Umer. 2015) El potencial de este avance informático es realmente ingente para la transmisión y almacenaje de mensajes informativos simbólicos y funcionales. Esperemos que este potencial se traduzca en beneficios para la comunidad humana, y no en nuevos peligros para la dignidad y la vida de los hombres.

BIBLIOGRAFÍA:

1 Abrar Umer (2015). Light-based computers will be even more awesome than we thought. En: Physics Astronomy. http://www.physics-astronomy.com/2015/06/light-based-computers-will-be-even-more.html#.VXYW9fk-hVc (Accedido: Octubre, 2015)

2 Sholle, David. What is Information? The Flow of Bits and the Control of Chaos. Mit communication forum. http://web.mit.edu/comm-forum/papers/sholle.html (Accedido: Octubre, 2015)

Capítulo II

INFORMACIÓN POR MEDIO ELECTRÓNICO

En nuestro mundo actual la información materializada en un medio electrónico se realiza en variados artefactos especialmente diseñados para estos efectos: radios, teléfonos, TV, computadores, Internet, etc., etc. El diseño y las operaciones de estos sofisticados instrumentos constituyen un saber que concierne fundamentalmente a la 'Informática' y a las 'Ciencias de la computación'. Estos saberes utilizan conocimientos de diversas disciplinas, de las que destacan, la ingeniería, la matemática y la lógica. La informática se centra en el estudio de la estructura, funcionamiento e interacciones de los sistemas computacionales creados por el hombre, y también en las estructuras naturales –biológicas–, con organización y comportamiento computacional. El computador y la Internet continúan siendo un medio de comunicación y de intercambio de información (mensajes), muy generalizado entre personas o grupos de personas, pero las posibilidades técnicas de estos aparatos, permiten mucho más que estas funciones relativamente simples, particularmente por su capacidad de manejar automáticamente los datos de información mediante diversos programas (software), que los analizan y organizan para distintos propósitos. Naturalmente la revisión de estos estudios no es el objetivo de este artículo, solo mencionaremos algunos aspectos generales para entender los conceptos básicos con que se maneja la información a este nivel para transmitir los mensajes/órdenes del agente(s) responsable de la comunicación.

Códigos. Para la transmisión de mensajes a través de medios electrónicos es necesario *codificar* la información de modo que sea posible su transporte. Es importante señalar que con el advenimiento de los medios electrónicos como medio material de transporte de mensajes, se ha hecho posible materializar no solo mensajes significativos (simbólicos como los cognitivo semánticos), sino también mensajes de signos electrónicos destinados a operar artefactos especialmente diseñados para este propósito; por ejemplo, la robótica. Los mensajes significativos y las órdenes electrónicas son naturalmente generados en la mente del ser humano –un agente inteligente--, este las codifica utilizando dispositivos construidos para esos fines, habitual y fundamentalmente un computador y sus variaciones. En el proceso de codificación se convierte la información (mensaje) en *datos electrónicos;* esto es, se genera información materializada que pueda manejarse electrónicamente.

Para codificar los mensajes se utilizan fundamentalmente tres caracteres: numéricos, alfabéticos y alfanuméricos, que es una combinación de los anteriores. Un 'dato' está constituido por un conjunto de caracteres –puede ser solamente uno--, pero la codificación habitual utiliza un sistema estándar de ocho caracteres, lo que constituye un código. El tipo de caracteres utilizado más frecuentemente en los códigos para constituir una información electrónica (dato) es el *sistema numérico binario.* A diferencia del habitual *sistema numérico decimal* que utiliza los números del 0 al 9 siguiendo una estructura decimal, el sistema binario, solo utiliza dos dígitos, el 0 y el 1; cada dígito es la unidad más pequeña de información en un sistema electrónico. Esta unidad se conoce como **bit** (abreviación: b), nombre derivado de la contracción de *binary digit* (dígito binario). Un bit es entonces un valor binario de la codificación que puede ser 1 ó 0. La combinación de estos dos dígitos permite una correspondencia con el sistema decimal, lo que permite una representación matemática del sistema binario. Los números de menor a mayor del sistema binario, aumentan de este modo: 0, 1, 10, 11, 100, 101, 110, 111 1000,

1001, 1010, 1011, 1100, 1101, etc. De manera que la correspondencia con el sistema numérico decimal es:

Sistema decimal:
0   1   2   3   4   5   6   7   8   9   10

Sistema binario:
01   10   11   100   101   110   111   1000   1001
1010

El sistema numérico binario es utilizado con preferencia en la codificación de información, porque los artefactos electrónicos utilizados en la transmisión de información funcionan con numerosísimos interruptores (puentes de paso) que controlan el curso de la corriente eléctrica; de modo que cuando un interruptor está abierto (puente levantado), se interrumpe el paso de la corriente, el número binario que le corresponde a este estado es un 0; y cuando el interruptor está cerrado, el paso de la corriente es ininterrumpida,   y corresponde a un 1. (Tecnología. Informática básica).

Para la codificación de información, se utilizan conjuntos de números binarios –*computadores digitales*--, frecuentemente un código de ocho bits, a estos códigos con los diferentes números binarios que contiene, se les denomina **bytes** (abreviación: B), y se les puede asignar el significado de letras, números o símbolos. La información que se inscribe en estos dígitos se puede comprimir y estructurar   para   ser   transmitida   y   manejada electrónicamente en el computador como datos; la *sintaxis* se refiere a las reglas establecidas para el ordenamiento   y   manejo   de   los   *caracteres materializados: datos*. Como los bytes son unidades muy pequeñas se utilizan otras mayores para ponderar el tamaño de un documento o la capacidad de un sistema computacional (1 byte = 8 bits; 1 kilobyte = 1024 bytes; 1   megabyte   =   1024   kilobytes;   1   gigabyte   =   1024 megabytes; se usa el número multiplicador 1024 en vez de 1000, por ser 1024 la potencia de 2 más cerca de

1000). La velocidad de trasmisión se mide en Bytes/seg., MB/seg., GB/seg. (Computación – FA.CE.NA). Los computadores digitales son los que se usan más frecuentemente, pero existen los llamados *computadores analógicos* en los que los datos de la información se representan por señales físicas cuyas amplitudes son proporcionales al valor de estos datos.

En este proceso de codificación se pueden representar con los bytes, no solo un mensaje significativo simbólico como el lenguaje humano, sino que también números, fórmulas matemáticas, símbolos matemáticos y lógicos, representaciones gráficas, música y pinturas, o configuraciones de pulsos eléctricos diseñados para operar como órdenes para máquinas robóticas. De cualquier modo, como ya mencionado, todos estos mensajes/órdenes son generados intencionalmente – directa o indirectamente--, por los seres humanos, emergen primariamente de sus ideas, de su creatividad, de su voluntad. En términos generales vamos a distinguir dos tipos de 'mensajes' codificados, los *mensajes significativos* para un ser humano receptor (incluyendo los semánticos, los simbólicos de otro tipo, y también los pictóricos y musicales que son naturalmente significativos y/o de interés para el receptor); y, los *mensajes funcionales* que van dirigidos a artefactos especialmente preparados para responder a mensajes electrónicos diseñados, con distintas operaciones (robótica). En informática se habla de mensajes prescriptivos (instrucciones y opciones algorítmicas), descriptivos, predictivos en algoritmos computacionales, pero estos son como los anteriores generados por el conocimiento humano, y dirigidos fundamentalmente a artefactos electrónicos. Un *algoritmo* (programa) es un conjunto ordenado y finito de operaciones que permite hallar la solución de un problema. Es importante que el lector note y recuerde que en esta serie de artículos he usado el concepto de *información funcional* como aquella dirigida a operar artefactos, para distinguirla de la *información significativa* (para el ser humano) destinada a ser recibida por un agente receptor; es perfectamente posible que la información funcional opere en una cadena computacional transmisora de información significativa, pero está supeditada a facilitar la *recepción del mensaje por un agente receptor*. Me ha parecido importante mantener la recepción final de la información – agente o máquina—como criterio de distinción de estos dos tipos de mensajes informativos, para evitar confusiones en el uso del término información. En la literatura de informática puede encontrarse la expresión 'información funcional' como aquella que es, útil, con propósito, y es significativa, pero con esta definición, toda la información es funcional, y parece poco útil y equívoca.

El proceso informático computacional es naturalmente muy complejo y envuelve diversos pasos técnicos, pero lo importante a recordar es que se pueden distinguir tres etapas, la primera es naturalmente *la entrada* al sistema, en la que un agente introduce la información, usando los códigos pertinentes; de esta manera, la información se convierte en un *dato o información materializada.* Continúa luego la segunda etapa que corresponde al *curso de la trasmisión* de los datos, incluyendo –de acuerdo al propósito del aparato computacional--, análisis, organización, transformación y almacenamiento de la información materializada, realizado por programas específicamente elaborados para diversos objetivos (softwares). Finalmente se llega al punto que corresponde a la *salida de la información* --gracias a un dispositivo decodificador--, con una versión entendible para el agente receptor. Esta información final *–datos procesados-*, es el resultado obtenido por los procesos a que se han sometido los datos incorporados inicialmente al sistema: *datos de entrada*. (Tecnología. Informática básica)

Este proceso automatizado que posibilita la informática y las ciencias computacionales, tiene --como es bien sabido--, la capacidad de manejar a gran velocidad una cantidad inmensa de datos, con la posibilidad de someterlos a diferentes análisis, para entregar finalmente en forma comprensible el producto informacional buscado. Por estas características, *las técnicas computacionales se pueden utilizar en diversos dominios del saber*: informática médica, informática forense, informática administrativa, desarrollo de teléfonos celulares, Internet, etc. etc.; y también en investigaciones científicas diversas, para elaborar 'modelos' con los datos obtenidos de la observación y de la experimentación, y explorar sus posibles combinaciones y desarrollos.

En este proceso de trasmisión electrónica de información en forma de datos, se pierden naturalmente los elementos secundarios de una comunicación interpersonal habitual, queda solamente la *información materializada* en el medio, en este caso electrónico. Pero se conserva la intervención humana a la *entrada del sistema*, ya que la información que se materializa, provienen directamente de un ser humano –o en forma indirecta de otra máquina computacional, o de un código de barras, o incluso del ambiente utilizando dispositivos especiales (ej.: termostato que opera el sistema de aire acondicionado), que han sido todos, también programados por la inteligencia y motivación del hombre (una mente) para generar datos de entrada a un sistema computacional. La *trasmisión y procesamiento de los datos* en el computador es automático, mediante el uso de programas (softwares) diseñados para propósitos diversos; y el *punto de salida* del sistema, o es la reproducción de una información comprensible –mensaje--, lenguaje, escritura, música, símbolos significativos, diseños gráficos que son recibidos por un ser humano; o, son simples órdenes – signos eléctricos codificados-- para que otro artefacto especialmente diseñado, efectúe tareas eléctrico-mecánicas; en este caso no hay recepción de 'mensaje' alguno por una mente inteligente –procesado o no, solo datos electrónicos. *El punto a recalcar es que todo este proceso computacional, presentando la información en forma materializada, es indefectiblemente dependiente de la inteligencia humana para su realización y su sentido.*

De manera que en una considerable cantidad de casos, la trasmisión informática electrónica no es verdaderamente una 'comunicación' directa de mensajes cognitivos semánticos, sino que hay además un sistema de procesamiento de datos, cuyos resultados se hacen disponibles a seres humanos interesados en esa materia (comunicación indirecta). En otros casos, la transmisión informática es simplemente de órdenes que un ser humano codifica y envía electrónicamente para realizar ciertos trabajos mediante artefactos operados de este modo. El rasgo definitorio de información que hemos comentamos anteriormente, como mensaje significativo, desaparece totalmente en este último caso, puesto que no hay seres humanos a la salida del proceso informático electrónico que reciban y entiendan lo trasmitido, sino que solo meras máquinas de trabajo que 'responden' electromecánicamente. Podríamos decir en términos generales, que *la información automatizada posibilita la robotización de labores*, que no se podrían llevar a cabo sin los conocimientos y técnicas informáticas. Es interesante notar que en nuestro tiempo con el creciente interés y auge de la robotización, se van perdiendo, no solo puestos de trabajos manuales rutinarios, sino que también se espera que con los avances técnicos, estos robots puedan ofrecer información pertinente en labores más complejas como las de recepcionistas, vendedores, incluso algunos trabajos profesionales, como médicos, periodistas, y abogados. Si va a ocurrir realmente este desarrollo arrasador de la robótica está todavía por verse, porque se hace obvio también que los elementos secundarios de la comunicación humana directa, son irremplazables en la vida humana y en la efectividad de ciertas profesiones como en la educación y en la medicina clínica.

No resulta fácil dejar de percibir, y apuntar, **que *el concepto de información sufre un significativo viraje con el advenimiento de la informática electrónica automatizada*.** El carácter comunicativo interpersonal de la información corriente, con un mensaje cognitivo coherente, toma en este nuevo clima científico-tecnológico, una *conceptualización técnica* –datos electrónicos--, sometidos a la matemática y al orden lógico, y a las condiciones técnicas del sistema de computación. De este modo, la informática y las ciencias de la computación se centran en los procedimientos para codificar datos y, poder así transmitirlos y procesarlos electrónicamente en forma objetiva; de este modo, la definición de información se hace también más objetiva. En este sentido es ilustrativo citar la siguiente definición de información: "Es el conjunto de datos (numéricos, alfabéticos y alfanuméricos) ordenados con los que se representan convencionalmente hechos, objetos e ideas". (Computación – FA.CE.NA) Sin embargo, también se habla de *conocimiento en esta información o datos de salida*, derivado del análisis o del tratamiento de los datos, y utilizados por el agente(s) receptor(es). Pero en rigor, no se puede hablar de conocimiento recibido, cuando los datos de salida constituyen solo órdenes (mensajes –conocimiento--, materializado) para máquinas automatizadas que realizan ciertos trabajos (robots); en este caso se trata de conocimiento materializado que opera un artefacto dispuesto para ello. De manera que, aunque se quiera objetivar el concepto de información mediante la tecnificación, lo subjetivo, esto es, el sentido que tengan los datos de salida se dará siempre en una mente humana.

Lo importante a destacar en este proceso de tecnificación de la información materializada electrónicamente, particularmente notorio para los mensajes significativos (cognitivos semánticos, y otros simbólicos), o de cualquier otro material que se codifique para transmitir y procesar en el sistema computacional, es que se tiende a eliminar u, olvidar todo rasgo de significado referencial (provenientes de una inteligencia) que poseen inicialmente las codificaciones, para convertirse en meros *datos objetivos que se tratan como tales*; en otras palabras, cobran vida propia –objetividad--, olvidándose de su origen y dependencia. Sholle, David (pp 13) comenta que: "...en las ciencias de la información, fenómenos como impulsos actuantes, trasmisiones de signos, etc. son analizados como informacionales. Luego las conexiones de retroalimentación, los interruptores binarios, etc. de estas acciones de las maquinas [computadores], se usan para analizar los procesos informacionales semánticos de la comunicación humana." De esta manera, el concepto de información toma un carácter alejado de lo que llamamos información en la comunicación interpersonal, por la contaminación de términos y conceptos de las técnicas informáticas y computacionales –meramente instrumentales--, generándose distorsiones y confusiones, particularmente cuando este *concepto reformado –informático--, de información* se aplica a la comunicación e interpretación de conceptos significativos siempre producto de un agente inteligente y dirigidos a otro ser humano. La información funcional es también generada por una inteligencia y es conocimiento materializado.

No se puede dejar de recalcar que la información materializada electrónicamente no está separada ni desprendida de una mente humana creadora, que genera un mensaje inicial, que lo codifica para ser transmitido, procesado y organizado en un sistema computacional y, naturalmente, todo el equipo electrónico que realiza estas operaciones, es también producto de la inteligencia humana, diseñado para cumplir fines específicos. Sin embargo, hay que tener presente, que no siempre la acción de un agente inteligente en la creación de un mensaje, está obviamente presente, como ocurre en numerosos artefactos generados técnicamente para recoger automáticamente algunos estados ambientales y codificarlos para transmitirlos; aparentemente sin intervención del hombre. Un caso ilustrativo –ya mencionado--, es el termostato conectado a un sistema de calefacción o de aire acondicionado, en el que tenemos un dispositivo inicial que recoge algunos datos de la temperatura ambiental, los codifica y trasmite a la unidad de AC o caldera eléctrica. Todo este proceso ocurre automáticamente, sin la presencia concreta del hombre, sin embargo sus conocimientos y creatividad están presentes en los dispositivos que recogen los datos de la temperatura de acuerdo al diseño ideado por su inteligencia, y los transmite en forma de mensajes funcional/operativos.

Se puede afirmar que la tecnología nos fuerza a *modificar la definición de información tradicional* como un compartir conocimiento, para reconocer que la información no se trata ya solo de un compartir el conocimiento que tengamos, sino que además podemos con nuestra técnica captar y seleccionar datos del ambiente –cercano o lejano—codificarlos, manejarlos y procesarlos, sin que sea necesaria nuestra presencia directa. Esto significa que podemos generar mensajes funcionales/operativos, y también conceptuales y de otros tipos, en forma indirecta, utilizando dispositivos y artefactos técnicos adecuados; estos aparatos producto de nuestro diseño, nos sustituyen, recogen datos del mundo, los codifican y manejan para trasmitirlos electrónicamente. El hecho primario a enfatizar es que estos datos todavía se pueden considerar 'conocimientos', indirectos o potenciales, que se trasmiten en forma materializada. En suma, *no importa cuánto esfuerzo se ponga para objetivar los fenómenos informáticos y computacionales, los datos transmitidos constituyen un mensaje no material, representado en el medio que lo trasporta, y son generados por una inteligencia humana.*

TEORÍA DE LA INFORMACIÓN DE SHANNON.

El ingeniero en electrónica y matemático americano **Claude E. Shannon** (1916-2001) es considerado el padre de la *Teoría de la Información* (rama de la matemática y de las ciencias de la computación que aborda la cuantificación de la información). La posibilidad de transportar información, incluyendo videos, música, y prácticamente cualquier cosa, en bits digitales para transmitirlos y procesarlos a alta velocidad se debe a los estudios de este matemático, y al aporte técnico de los Laboratorios Bell donde trabajó. Su interés se centró primordialmente en mejorar la codificación física de la información y calcular su tamaño, para este propósito definió información en términos de bits para transmitir un determinado mensaje; Shannon fue el primero en utilizar la expresión 'bit', y mostró que señales continuas en el tiempo --como música--, podían ser representadas en muestras temporales discretas. *Shannon reconocía el aspecto significativo de la información, pero lo consideraba irrelevante para los problemas de ingeniería*, como: trasmisión, procesos de análisis, cuantificación y depósito de la información, las operaciones envueltas en el procesamiento de las señales transmitidas, y los factores técnicos para perfeccionar los canales de transmisión de los datos. Para Shannon tenía la prioridad de su interés, la cuantificación y la matematización de las operaciones computacionales. Desde esta perspectiva, dos textos de contenidos diferentes, si tienen el mismo número de bits – cuantitativamente iguales--, contienen la misma cantidad de 'información', aunque uno sea completamente incoherente. El sentido y significado simbólico, o funcional/operativo que se le asigne a los bits y bytes, no fue la preocupación primaria del matemático, pero esto no significa naturalmente, que este terreno técnico-matemático que preocupó a Shannon, no tenga relación alguna con la codificación de un material elegido por un ser humano para ser transportado informáticamente; sin este material de información, el medio y sus posibilidades no tienen simplemente, ningún sentido. El sentido simbólico o funcional/operativo del mensaje trasmitido constituye en última instancia el propósito de la información tecnificada.

Shannon mostró que la codificación digital de los bits en 0 y 1, era susceptible de ser manejada con el algebra Booleana, que en vez de denotar números como el algebra elemental, denota valores de *verdadero* o *falso*. Esta algebra además de aplicarla a los bits, Shannon la empleó con los interruptores de los circuitos del sistema electrónico. De este modo, se someten a la matemática dos aspectos fundamentales de la informática: la codificación digital y la transmisión de los bits a través de redes y circuitos de conducción manejados con interruptores. El manejo matemático de la informática significó un avance enorme en el manejo certero de estos procesos, lo que ha hecho posible el desarrollo de la Internet, la elaboración de iPods con variadas aplicaciones, el desarrollo de 'canales' de trasmisión en los distintos medios materiales (cables eléctricos, fibra óptica, aire, etc.), la compresión de datos, control de errores en la transmisión, etc. Shannon además de utilizar las probabilidades para conceptualizar y calcular las posibilidades informáticas de un medio, mostró también que, utilizando las leyes físicas de la termodinámica se podía calcular la cantidad máxima teórica de información que puede transportar un sistema de comunicación. (Dolors (2013). Green Touch)

Para Shannon lo definitorio de información es que la cantidad de información contenida en un mensaje dado, es la negativa de una cierta suma de probabilidades. Dolors (2013) explica que en un proceso probabilístico que tiene un cierto número de posibles resultados, cada uno con una probabilidad diferente de ocurrir, llamamos N al número de posibles resultados, y a las posibilidades de cada posible resultado: p1, p2, p3, pN. Un bit puede ser considerado como una posibilidad medida en el lanzamiento de una moneda al aire: cara o cruz. Si estamos lanzando una moneda al aire como un proceso probabilístico, el número total de probabilidades es 2 (cara o cruz): N=2; y la posibilidad de los posibles resultados es ½ para cada tirada de la moneda, --suponiendo que se trata de una moneda bien balanceada, no trucada--, así tenemos p1=1/2, p2=1/2, p3=1/2 (esto es 50% de ocurrir cara o cruz).

Si lanzamos la moneda al aire y cae, y sabemos el resultado, podemos decir que tenemos un bit de información, o en forma alternativa podemos decir que nuestra incertidumbre fue reducida en un bit. Pero si la moneda tiene dos caras: N=1, la probabilidad del resultado es 1, esto es, 100% de probabilidad que sea cara. El contenido de información que obtenemos en este caso es: 0; ya sabíamos el resultado antes de lanzar la moneda (dos caras, no hay alternativa, no hay incertidumbre del resultado); por lo que una vez realizado el lanzamiento, y caída la moneda, el potencial de ganancia de información es cero. La teoría de *Shannon hace equivalente la cantidad de información, a la cantidad de incertidumbre reducida por el resultado*. Un dado que rueda por ejemplo, tiene seis posibles resultados, esto significa que se tiene un gran nivel de incertidumbre, en cambio una moneda al aire tiene solo dos posibles resultados, por lo que la cantidad final información es mayor en el dado que en la moneda; el dado disipa mayor cantidad de incertidumbre al terminar de rodar. Entre más improbable es el resultado de un suceso (dado que rueda), mayor es la incertidumbre que elimina el resultado, y así, mayor la información que transmite. Shannon generalizó esta relación diciendo que la cantidad de *información transmitida por un evento es inversamente proporcional a la probabilidad anterior de su ocurrencia*.   (Esto constituye uno de los teoremas claves de Shannon.)

Al hacer la información equivalente a la reducción de incertidumbre se implica una relación matemática entre información y probabilidad, de modo que entre mayor número de posibilidades que contenga una situación probabilista, mayor es la improbabilidad de que una de esas posibilidades sea actualizada, y así, mayor es la cantidad de información ganada cuando se realiza una posibilidad particular. Pero el número de posibilidades de una matriz de posibilidades no es un método preciso para calcular la capacidad de información cuando cada posibilidad tiene una probabilidad distinta; en estos casos es más acertado calcular la probabilidad de cada posibilidad para estimar el potencial de información del sistema, de manera que a mayor probabilidad de la posibilidad, menor es la incertidumbre disipada y menor su información. Esta característica de tener una relación inversa probabilidad y información, y que las probabilidades no sean aditivas, ya que tienen que multiplicarse para calcular el valor de un conjunto de ellas, hacen las operaciones con probabilidades más engorrosas. Estos dos problemas se subsanan matemáticamente, utilizando un logaritmo negativo que asigna más información a una probabilidad baja, y como los logaritmos son aditivos sus resultados lo son también, y la información se transforma en aditiva. Se usa el logaritmo de base 2, en consideración a que la información electrónica usa bits que son binarios, de este modo, la información de un evento de probabilidad p es: $-\log_2 p$ ($I=-\log_2 p$); (este tratamiento matemático para hacer aditiva la suma de información, constituye el segundo teorema clave de Shannon). Las probabilidades independientes que no tienen relación entre ellas, se pueden sumar, son aditivas; pero las probabilidades de posibilidades que están correlacionadas (parte de la información proviene de una posibilidad, y la otra parte de una posibilidad diferente) necesitan un tratamiento matemático diferente.

La complejidad está también relacionada a este binomio de información y probabilidad, puesto que, a mayor complejidad en un espectro de probabilidades, menor es la probabilidad, y mayor la incertidumbre; esto en un sistema informático significa mayor capacidad de información. Esta situación se ejemplifica bien si pensamos en una moneda tirada al aire, si se lanza una vez nada más, la probabilidad de cara o cruz es 50%, y la complejidad de esta situación es baja. Pero si se lanza la moneda muchas veces, la probabilidad disminuye exponencialmente, y la complejidad aumenta con el número de tiradas.

Shannon utiliza el término **"entropía"** (H) como *equivalente al potencial de ganancia de información*, y como la información posible depende de la incertidumbre del sistema probabilístico, *a mayor incertidumbre, mayor información posible, y mayor entropía.* En la transmisión electrónica, el bit es binario (1 – 0) como lo es también una moneda (cara o cruz), de manera que al aumentar el número de bits de una trasmisión, aumenta la incertidumbre, y con ello el potencial de información del resultado, y de la entropía (si las probabilidades bajan, sube la complejidad). Shannon pone toda esta información en términos matemáticos con una ecuación que permite calcular la entropía; *de manera que la entropía representa el potencial –medible matemáticamente—de información*, que se logra al reducirse la incertidumbre con el resultado obtenido. (Dolors, 2013). La entropía es entonces la medida de la **Información de Shannon**, que se refiere a la capacidad de transporte posible de información de un sistema. La medición matemática de la entropía es idéntica a la entropía de Maxwell-Boltzmann-Gibbs de la mecánica estadística. (Dembski, W. 2014, pag. 42)

Este análisis de Shannon utiliza un sistema probabilístico para calcular el potencial de ganancia una vez realizada la operación probabilística; no hay referencia a sujetos humanos concretos, el análisis se lleva a cabo –en abstracto--, en referencia a un sistema probabilístico y sus posibilidades. No se trata de enviar un mensaje elaborado concretamente y específicamente por un ser humano para ser recibido por otro (o envío de órdenes operativas a una máquina robótica), utilizando bits and bytes; este tipo de mensajes tiene una intención, y claramente sentido y significado simbólico o funcional/operativo. De manera que el análisis matemático de la entropía de Shannon corre por una vía totalmente diferente al carácter de la trasmisión de mensajes con información (codificación binaria de datos organizados), lo que se hace evidente en la concepción de la unidad elemental: el bit. *Un bit de Shannon es la cantidad de entropía que está presente en la selección de dos igualmente posibles opciones* (Dolors, 2013). Las probabilidades están ya instaladas en este elemento fundamental, el bit no es el mero portador de un carácter/símbolo/señales operativas, susceptible de almacenarse, sino que constituye la probabilidad de información potencial que pueda contener. Esta diferencia conceptual de lo que se entiende por bit es fundamental para evitar confusiones;

en la Teoría de la Información se considera el bit de Shannon.

Si aplicamos la técnica de Shannon a una serie finita de posibles signos que poseen las mismas posibilidades de ocurrir, la probabilidad de que ocurra uno de estos signos es 1 dividido por el número de todos los signos (1/x), por lo que entre mayor sea la cantidad de signos (bits), mayor es la cantidad de información ofrecida por la ocurrencia de un signo particular. Si se conoce –o se puede estimar-- el número total de signos/caracteres de un sistema, como un lenguaje o un código, se puede calcular matemáticamente la capacidad de transporte de información del sistema en cuestión. (Meyer, Stephen C., 2007). Es importante notar que en estos cálculos matemáticos es perentorio saber o poder calcular razonablemente el número de signos envueltos en el sistema estudiado, así como saber o imaginar las posibles expresiones de cada signo (un bit tiene dos, igualmente una moneda, pero un dado tiene seis); si no se logran estas condiciones los cálculos informáticos se tornan imprecisos y especulativos.

En el caso que se estudie un lenguaje para conocer su potencial de información, las posibilidades de aparecer una letra detrás de otra no son equivalentes –no son iguales--, particularmente por las reglas gramaticales en uso, estas reglas y convenciones o costumbres en el uso de las letras del alfabeto para el lenguaje de un idioma, alteran las posibilidades de cada letra en el mundo abstracto de las probabilidades; los inconvenientes a un proceso probabilístico puro, constituye lo que se denomina *redundancia*. En el caso del alfabeto se disminuye la redundancia calculando las probabilidades de las distintas combinaciones de letras (no asumiendo que las letras tienen equivalencia combinatoria). El estudio de la redundancia trae beneficios para facilitar la codificación del lenguaje, y posibilita estrategias para comprimir datos. (Dolors, 2013)

Es importante recalcar que los procedimientos matemáticos estadísticos usados en el análisis informático de Shannon tienen beneficios muy importantes para el desarrollo de la informática y de la computación. Pero *el contenido significativo que se represente en ese medio informático es fundamental para que el mensaje sea realmente informativo (u operacional) y la informática tenga sentido.* De manera que hay que ser cauteloso para evitar confusión entre, la **Información de Shannon** (o Información sintáctica), *que se refiere a la capacidad de trasportar información de una secuencia finita de caracteres (cuyas posibilidades se conocen) y, la información propiamente tal, que se refiere al mensaje representado (con sentido simbólico o funcional)* en la codificación con caracteres que la transportan (por ejemplo: bits, o bases nucleónicas del ADN, letras. etc.). En buenas cuentas *la información de Shannon es un concepto matemático derivado de la teoría de las probabilidades, como también lo es el concepto de incertidumbre.* De manera que esta información es una noción técnica matemática completamente distinta a la concepción de información como mensajes humanos transmitidos por distintos medios. Es particularmente importante mantener clara esta diferencia, porque en muchas áreas –especialmente en informática y en física—información es simplemente información de Shannon: un concepto matemático, y no información propiamente tal. Naturalmente, los conocimientos que se adquieren estudiando las probabilidades, y analizando y cuantificando los medios materiales de transmisión, pueden a su vez compartirse en forma de información de mensajes cognitivos, ya sea de forma directa: verbal o, a través de otros medios materiales de trasmisión de información (papel, electrónica, etc.).

La información de Shannon y sus cálculos matemáticos son sin duda, de gran utilidad para el desarrollo de los medios portadores de información, y también para cuantificar información materializada, pero por ser una mera medida matemática, no puede distinguir el estatus funcional/operativo o simbólico de una secuencia de caracteres, frente a una secuencia desordenada, embrollada (esto es, una frase coherente, de una ensalada de letras). (Meyer, Stephen C., 2007)

INFORMACIÓN SOLOMONOV-KOLGOMOROV-CHATIN O TEORÍA ALGORÍTMICA DE LA INFORMACIÓN.

Esta teoría se refiere a la medida de *recursos computacionales necesarios* para describir un objeto matemático finito, como por ejemplo, una serie de números: 0 y 1. *Una cadena finita de caracteres se considera aleatoria (al azar) cuando no se puede comprimir*; *esto se refiere a que esta cadena no se puede reducir a una serie menor de números que se combinan para formar la cadena*; no se puede dar una orden computacional para componerla. Por ejemplo, una cadena, como: 1111111111111111111, es considerada poco aleatoria, porque se puede comprimir a: 1, y en un programa de computación, se reproduce fácilmente con la orden algorítmica: "repetir 1". En cambio, una cadena de: 1011001111101000101, no se puede comprimir a una serie menor que la explique, y en un programa de computación no se puede formular una orden algorítmica que la construya; es por tanto, más aleatoria. La mayoría de las cadenas de resultados de moneda al aire, no se pueden comprimir a ninguna serie menor que ella misma, son aleatorias, de acuerdo a TAI.

La medición de la complejidad o información de la serie, se realiza por la longitud se la cadena de números más corta que puede describir la serie evaluada (por ejemplo: 01, para la serie: 01010101010). Entre más corta es esta cadena, más simple es la secuencia estudiada, y menor su complejidad y su contenido de información; y, lo contrario, entre más larga es la cadena que describe la serie, mayor la complejidad y la información contenida (por ejemplo: 11000, para la serie:11000110001100011000; es más compleja que en el ejemplo anterior). *El contenido en información es expresada en términos de 'grados de complejidad'; a mayor complejidad, mayor información.* La complejidad se expresa en bits por lo que es posible conectar esta teoría con la Teoría Informática de Shannon. Ambas teorías se aplican a cadenas finitas de caracteres o símbolos que pueden considerarse en sí mismas, o como redescripciones computacionales de otras cadenas de caracteres. La teoría de Shannon de la información trabaja con la probabilidad de sucesos futuros o desconocidos, en cambio, la teoría algorítmica, se centra en la complejidad de estructuras presentes.

Las teorías informáticas de Solomonov-Kolgomorov-Chatin y Shannon no deben confundirse. La TAI evalúa el grado de complejidad de una secuencia dada –presente--, en cambio, la Informática de Shannon estudia las probabilidades que ofrecen los símbolos usados en un sistema computacional, y está referida a resultados potenciales en el futuro, o sucesos desconocidos. Ambas teorías son nociones matemáticas y ambas comparten la incapacidad de discriminar mensajes significativos, de simples 'ruidos' o material incoherente, y ninguna de las dos teorías se refiere a información propiamente tal.

COMPLEJIDAD ESPECIFICADA.

La teoría que describe William Dembski (1998) en secuencias complejas de caracteres o símbolos, no se reduce al estudio de la complejidad en sí, sino que va más allá de la mera complejidad de la serie para distinguir una *especificidad* particular. La especificidad se refiere a un patrón expresado en la complejidad, un patrón que tiene sentido de suyo, independiente de la complejidad, ya que es específico y único (la complejidad es variada e inespecífica); la especificidad de una secuencia de caracteres, al contrario que las dos teorías vistas anteriormente, recoge el significado. Un patrón puede ser semántico, como en un cordón de letras de una alfabeto en que aparece una frase con sentido o, como en una cuerda de aminoácidos que están distribuidos de tal manera que resulta una proteína enzimática; esto es, un patrón funcional. Los instrumentos matemáticos y computacionales utilizados para diagnosticar complejidad especificada permiten como es evidente, distinguir patrones semánticos significativos y funcionales operacionales. En esta concepción tenemos 'complejidad específica' o 'información específica', no una simple ecuación matemática que describe la relación de incertidumbre e información potencial: Información de Shannon, ni tampoco solo 'complejidad' como en la TAI.

BIBLIOGRAFÍA:

1 Computación – FA.CE.NA. Informática. Conceptos fundamentales.
http://exa.unne.edu.ar/ingenieria/computacion/Tema1.pdf
(Accedido: Septiembre, 2015)

2 Dembski, William A (1998). The Design Inference: Eliminating Chance Through Small Probabilities. Cambridge UP, 1998

3 Dembski, William A. (2014). Being as Communion. A Methaphysics of Information. Ashgate Science and Religion Series.

4 Dolors (Agust 20, 2013). What is Information? Part 2a – Information Theory. In: Cracking The Nutshell.
http://crackingthenutshell.com/what-is-information-part-2a-information-theory/ (Accedido: Septiembre, 2015)

5 Green Touch. Shannon's Theory Explained
http://www.greentouch.org/?page=shannons-law-explained
(Accedido: Septiembre, 2015)

6 Meyer, Stephen C. (2007). DNA and the Origin of Life: Information, Specification, and Explanation.
http://www.discovery.org/articleFiles/PDFs/DNAPerspectives.pdf (Accedido: Septiembre, 2015)

7 Sholle, David. What is Information? The Flow of Bits and the Control of Chaos. Mit communication forum. http://web.mit.edu/comm-forum/papers/sholle.html (Accedido: Septiembre, 2015)

8 Tecnología. Informática básica.

http://www.areatecnologia.com/TUTORIALES/INFORMATI CA%20BASICA.htm (Accedido: Septiembre, 2015)

Capítulo III

PÉRDIDA DE LA INFORMACIÓN, INFORMACIÓN Y COMPUTACIÓN CUÁNTICA, INFORMACIÓN EN LAS COSAS

PÉRDIDA DE LA INFORMACIÓN.

Como vimos anteriormente, el mensaje significativo (cognitivo o simbólico de otro tipo) o funcional/operativo característico de la información, surge del conocimiento o vivencias de un agente inteligente que lo genera, y llega a través de un medio transmisor, a la mente de un agente receptor, o a un artefacto electrónico que realiza una operación específica, en caso de un mensaje funcional/operativo electrónico. Este proceso es posible, porque el mensaje, se materializa en un medio material, que puede ser de distintos tipos (aire, electrónico, etc.)

Para que en rigor ocurra una información es necesario que los mensajes alcancen su meta: el agente receptor o, el artefacto que desarrolla una función particular. Si esto no ocurre, se puede decir que el mensaje ha sido fallado, que no se ha realizado; en el caso de mensajes significativos es importante que se trate de congéneres que comparten el mismo idioma o cultura para poder entender el mensaje enviado, aunque ciertamente, está la posibilidad de utilizar sistemas de traducción para solventar este tipo de problemas, y permitir la realización del mensaje.

Este punto de la necesidad de que el mensaje sea recibido y entendido por un agente receptor, o se realice la función específica robótica, para que ocurra en rigor una información, nos ayuda a entender un tema que a menudo se debate: si un mensaje no es recibido por nadie, ¿significa que la información ha dejado de existir? O, desde otra perspectiva, ¿tenemos información en un medio en el que se ha codificado un mensaje? Sin duda, en ese medio tenemos una representación codificada de un mensaje, pero no el mensaje mismo que está en un plano diferente, básicamente en la mente de los generadores y codificadores del mensaje. Para poder acceder a ese mensaje tenemos que decodificarlo, y para esto necesitamos de un dispositivo descodificador, y luego un agente receptor que lo reciba. Pero el punto básico en que se centra el debate, radica en si tenemos información en el medio en que se ha codificado un mensaje, se haya este realizado o no.

Como hemos dicho, *los códigos del medio de transporte representan un mensaje*, representan una información, pero no son el mensaje mismo, no son un conocimiento, puesto que el conocimiento es un estado mental que en el caso de la información, se quiere o se intenta compartir, o que se utiliza para diseñar señales electromagnéticas para operar artefactos. Si la información es la comunicación de algún tipo de conocimiento (incluyendo órdenes funcionales) a través de su representación en un medio -- información materializada--, el medio codificado constituye una *información potencial*, no actual. Si esta información potencial se destruye, se puede afirmar que la información materializada se ha perdido, ha desaparecido, aunque el conocimiento quede en la mente y en el recuerdo del agente productor, y en el agente receptor si se realizó verdaderamente el proceso informativo. Si una información potencial queda sin ser accedida por un agente o realizada en una función, permanece como información potencial; si esta información potencial no se puede acceder o no se accede nunca, podríamos decir que está 'perdida'. En una forma similar podemos entender las notas que hace una persona en un papel o en un computador, para aclarar sus ideas o realizar razonamientos científicos, matemáticos o filosóficos, sin el propósito de compartirlas con nadie; si llegaran a perderse o simplemente nunca pasaran a otras manos, no se realiza un proceso de información; la información materializada que contienen, o se pierde o se destruye, o queda olvidada. Pero si estas notas llegaran a otra persona, constituiría una *información*, aunque esto ocurriera sin haber sido planeado o deseado (este tipo de documentos puede siempre caer en manos de otros sujetos).

Es claro que una información –mensaje significativo o funcional--, necesita de un medio para trasmitirse a otro sujeto, o a una máquina que ejecute las órdenes operativas electrónicas; y también es claro que, siendo la información un estado mental –un conocimiento—, no existe fuera de una mente, comenzando por el agente que lo genera y finalmente en la mente del que lo recibe; *fuera de una mente un mensaje es información materializada*.

Podemos imaginar un agente inteligente completamente ajeno a nuestra cultura, que se encuentra fortuitamente frente a un sistema computacional, y se da cuenta de su complejidad y diseño; por su capacidad mental podría eventualmente llegar a decodificarlo, y actualizar la información potencial que contiene en sus operaciones. Esto es, una inteligencia puede generar y entender mensajes informativos, y puede, así mismo, llegar a descifrar mensajes codificados generados a nivel humano, y también a nivel biológico, como ocurre tan evidentemente en los mensajes codificados del sistema genético.

Pero hay otra consideración que se debe tener presente con respecto a la 'pérdida de información', y tiene relación con la *estabilidad del medio en que se materializa la información*. Si el medio se corrompe, se pierde naturalmente la información materializada que contiene, haya sido o no, accedida por un agente receptor. Desde un punto de vista teórico estricto, se puede afirmar que toda información materializada eventualmente se perderá, puesto que el medio –como todo el universo—, está en constante cambio que perturbará la codificación; la información materializada se degrada. Los seres vivos no son una excepción, y observamos esta degradación de información en tiempo actual, fundamentalmente por las frecuentes mutaciones que sufre el ADN, un fenómeno que claramente se ve en los estudios de laboratorio (salamandras, virus, moscas drosófilas, etc., inclusive en los seres humanos.). (Durston, K,. July 9, 2015) Naturalmente, en un organismo que muere, desaparecen las estructuras genéticas y con ello la información biológica que contenían.

La posibilidad que se pierda la información materializada en el mundo concreto parece un hecho intuitivo, sin embargo en la literatura encontramos nada menos que un Teorema de la Conservación de la Información. Revisaremos brevemente esta tesis más adelante para ver que conceptos maneja y que aplicaciones se le da.

COMPUTACIÓN E INFORMACIÓN EN LA FÍSICA CUÁNTICA.

No resulta fácil –más bien es casi-imposible--, simular los estados cuánticos en un computador corriente, y no sólo por la complejidad teórica de este tema, sino que muy importantemente, por la gran variedad de estados con que pueden presentarse las partículas, y la velocidad en sus acciones.   Un computador que pudiera utilizar estas características físicas del nivel cuántico, significaría un avance mayúsculo en la capacidad de procesamiento de la información materializada. Ya se han realizado algunos intentos en esta dirección, pero para obtener un verdadero computador cuántico, se necesitará todavía bastante tiempo de estudios y ensayos.

En el desarrollo del computador jugaron un importante papel los estudios y las técnicas desarrolladas por **Alan Turing** en la década de los treinta del siglo pasado. Turing creó un aparato consistente en una cinta de largo indefinido, dividida en pequeños cuadrados, en los que podía colocarse un símbolo, o dejarse en blanco (1 o 0). Con un dispositivo capaz de leer la presencia o ausencia del símbolo, este dispositivo daba órdenes a una máquina para realizar distintas operaciones. Este sencillo principio es básico para la construcción de los computadores actuales, y también para el desarrollo de un *computador cuántico*.

En la esfera cuántica, la cinta y el dispositivo lector del aparato de Turing, se conciben en el estado cuántico mismo. En la máquina de Turing corriente, la lectura de los cuadrados de la cinta es individual y sucesiva; en cambio en una máquina cuántica de Turing, se pueden leer muchos cuadros simultáneamente, lo que es propio de los estados cuánticos: superposición. Un electrón, por ejemplo, en la onda cuántica, puede estar en diversas posiciones –superpuestos--, al mismo tiempo; cuando colapsa esta onda cuántica –proceso de decoherencia-, el electrón asume una posición determinada.

Un computador corriente con transistores utiliza una cadena de bits (1 o 0), un computador cuántico utiliza **qubits**. Un qubit representa un 1, o un 0, o una superposición de los dos --permitida por la característica cuántica de múltiples estados al mismo tiempo; pero para que se obtenga la superposición, el qubit tiene que estar aislado--; los qubits representan átomos, iones, fotones, y electrones. El qubit es la unidad mínima posible de información cuántica, pero tiene muchas y significativas diferencias con los bits electrónicos, entre otras: se mide constantemente, pero nunca se logra una medida precisa; no se puede convertir completamente en bits, ni leer como estos; curiosamente se puede transportar de un lugar a otro, independientemente de la partícula subyacente; no puede ser destruido ni copiado, y puede ser movido por canales cuánticos de comunicación, de capacidad finita. Los computadores cuánticos cuentan además, con memoria y procesadores para el registro y manejo de los datos de acuerdo a las condiciones cuánticas (superposición y 'enredo' [entanglement]), y también con algoritmos; la cantidad de información que puede transportar se mide con la entropía de von

Neumann, análoga a la entropía de Shannon, y es teóricamente segura, imposible de ser accedida sin ser detectada (no así la información de los computadores tradicionales). Es interesante agregar que los computadores cuánticos pueden generar auténticos números al azar, lo que representa una utilidad para la seguridad de los mensajes encriptados. Los mensajes se codifican en qubits. El manejo del transporte de información en qubits se realiza con las 'puertas' de lógica cuántica, algo similar a los circuitos digitales de los computadores tradicionales. (Quantum information, Wikipedia, 2015)

En la actualidad, la superposición de símbolos de un qubit determina un valor que se expresa en 1 o 0, en otras palabras, en forma binaria, como en todos los computadores (no se trata de una conversión perfecta de qubits a bits); pero con el avance técnico, esta limitación binaria se podría superar hasta lograr cinco valores en vez de dos, lo que permitiría la realización de varios cálculos simultáneos. Esta simultaneidad de la lectura de los símbolos, abre la posibilidad de realizar operaciones computacionales paralelas, a gran escala, y de esta manera manejar cálculos de considerable magnitud y a alta velocidad. (Bonsor, K & Strickland, J., 2015)

Pero las curiosas y anti-intuitivas características del mundo cuántico, no solo van permitiendo la construcción de computadores que magnifican las capacidades de los computadores tradicionales, sino que también se acercan y relacionan la *Teoría de la Información (de Shannon) y la Física Cuántica*. En la física cuántica se da la extraña situación –*Principio de indeterminación de Heisenberg*--, que no se puede determinar la posición y la velocidad de una partícula cuántica al mismo tiempo (electrón, fotón, etc.), ya que en el proceso de medición colapsa la onda cuántica; solo se puede obtener la medición de uno de estos parámetros, con ningún conocimiento del estado del otro. En otras palabras esto significa, el conocimiento de uno de estos parámetros

(=1) y la incertidumbre del otro (=0); una significativa limitación a nuestro conocimiento. (Byrne, M, Dec. 2014)

El Principio de Incertidumbre es muy similar a la situación de la dualidad partícula/onda que se observa en la onda cuántica y lo que se constata en las experiencias de electrones lanzados sobre una pared que deben pasar por dos hendiduras. Los electrones dejan en la pared un rastro de choques ondulados, serpenteados, como si se tratara de una onda; si se bloquea una de las ranuras, el rastro ondulado desaparece y es reemplazado por una huella informe; esto sugiere que los electrones lanzados tienen un comportamiento dual, de corpúsculo y onda. Esta situación de incertidumbre que se encuentra en estas observaciones --binarias--, lleva a imaginar que existe un nivel más profundo, más fundamental, un principio de unificación que yace más allá de todo lo existente.

El Principio de Incertidumbre es claro mostrando que las probabilidades de medir la velocidad o la posición de una partícula es 1 o 0. En caso de una onda –comportamiento ondulatorio--, una onda completa corresponde a 1, y una onda desplazada es 0. El límite superior de estos fenómenos es 1, y el inferior es 0, en términos físicos; pero, si extrapolamos estos fenómenos y sus medidas a la informática, podemos decir que el valor máximo 1, en física corresponde a 0 incertidumbre en informática; y el 0 en física corresponde a 1 bit de información potencial en términos informáticos (teoría de la información de Shannon). Esto significa que en una entidad cuántica dada, no podemos describir su falta de expresión ondulatoria, ni su falta de expresión corpuscular, con menos de un valor 1 –un bit—, en informática. La perspectiva física y la perspectiva informática se tornan equivalentes, constituyen dos modos de ver los fenómenos cuánticos. (Byrne, M., Dec. 2014) *De esta manera, la Teoría Cuántica entra en relación con la Teoría de la Información de Shannon.*

Por la equivalencia de estas teorías, se puede entender el Principio de Incertidumbre como consecuencia de que las condiciones físicas limitadas del estado cuántico, y representar niveles de posibilidad de más o menos información. *La incertidumbre encontrada en los estados cuánticos se puede considerar el puente de unión entre lo físico y lo informático*, y podría ser lo más fundamental, y servir de condición común.

La incertidumbre en las entrañas cuánticas de la materia, puede ser utilizada por la informática para construir computadores cuánticos, lo que naturalmente entraña serias dificultades teóricas y técnicas que tendrán que resolverse antes de contar con un computador estable y eficiente; las expectativas son en verdad inmensas. Pero también, esta equivalencia que se postula entre lo cuántico y lo informático –gracias a la incertidumbre--, se puede proyectar más allá de la utilidad en el transporte de información potencial (mensajes), para afirmar, por ejemplo, que el sistema físico más elemental a este nivel cuántico, lleva un bit de información. En otras palabras, con esta afirmación se está proponiendo que la presencia física de las partículas u ondas –cuando se realiza su medición--, son información en sí mismas. Esta informalización de las cosas se podría llamar *información cosificada,* que nada tiene que ver con los mensajes significativos y funcionales de la información propiamente tal.

LA INFORMACIÓN EN LAS COSAS.

Información y conocimiento. El conocimiento como hemos comentado anteriormente, se puede adquirir por información directa o indirecta de otras personas, por la experiencia personal y por la observación y estudio del mundo que nos rodea. Comúnmente se dice que las cosas poseen información, particularmente aquellas complejas como los hoyos negros, los anillos de Saturno, el arcoíris, los virus, etc. En este contexto, información se refiere al potencial de conocimiento para el ser humano que tienen las cosas existentes, pero obviamente no existe conocimiento en las cosas mismas, estas no poseen estados mentales cognoscentes, ni tampoco tienen intención alguna de comunicarse, solo existen como son. De modo que argumentar que las cosas, o algunas cosas complejas contienen información, significa que al conocerlas adquirimos conocimiento --las cosas nos darían de esta manera 'información'--, pero en el curso de la adquisición de este tipo de conocimiento, no se realiza un proceso de información propiamente tal, las cosas no comparten nada, no informan nada, están ahí, existen con sus características y sus propiedades. Este proceso de aprendizaje constituye una 'adquisición de conocimiento', y si este conocimiento se comunica --se comparte--, se transforma en información. Hacer sinónimos, adquisición de conocimiento, conocimiento e información, empaña los conceptos y los torna equívocos. En esta línea de confusiones algunos autores distinguen 'información' (entendida como conocimiento), de, 'saber cómo' ("to know how"), con lo que se refiere al saber implementar la 'información', al hacer algo con ella; como por ejemplo, el ADN contiene información, pero no sabe qué hacer con ella, necesita de una maquinaria para desempaquetarla (¡!). (Ref. en: Evolution News, May 29, 2015) Una sutileza confusa, que incrementa la atmósfera de confusión que rodea al concepto de información.

Todo lo existente, todo ente mundano que es accesible al hombre, tiene el potencial de ser conocido por el ser humano. Los seres humanos estudian e investigan las cosas del mundo en un esfuerzo por comprenderlas y manejarlas; este conocimiento como ya lo hemos repetido, es susceptible de ser comunicado en forma de información, incluyendo, naturalmente, codificación electrónica en bits y bytes para comunicarlo y manejarlo. Pero de aquí a decir que los objetos naturales contienen información, porque su conocimiento y su comprensión por el ser humano se pueden transmitir o, porque el hombre echa mano a conceptos informáticos para manejarlos, no significa que estos objetos informen o comunicen conocimiento; el conocimiento lo adquiere el ser humano, es su característica de ser racional.

Información cosificada. Sin embargo, desde hace algunos años es frecuente notar entre los físicos actuales --incluyendo a escépticos y ateos--, usar el término información para referirse a las características y conducta de los objetos mundanos. Así por ejemplo, se habla de información cuando un cuerpo con cierto poder causal, actúa sobre otro que responde con un efecto; esta relación se trataría de un proceso informativo: trasmisión de información del objeto causante al cuerpo del efector. De modo que los cuerpos estarían dotados de 'información' que se intercambia, permitiéndoles actuar y reaccionar. También se habla de transmisión de 'información' en el misterioso mundo de la física cuántica. Por ejemplo cuando aplicamos una fuerza externa a dos –o más --, partículas (electrones, fotones, etc.), se produce lo que se llama 'enredo' ["entanglement"]. Este estado de 'enredo' se refiere a una correlación muy fuerte que se presenta entre las partículas cuánticas activadas, una correlación tan robusta, que las partículas pueden estar ligadas en perfecta simultaneidad, aun cuando estén separadas por grandes distancias, sin que medien entre ellas campos eléctricos o electromagnéticos. Este increíble fenómeno, lo describió Einstein como "la espeluznante acción a distancia". (University of Waterloo, 2015) Ante esta extrañísima correlación, se dice se habría producido una trasmisión de 'información' en forma "instantánea" o "casi instantánea" entre las partículas al momento de la intervención. (Abrar, June 2015)

Esta conceptualización informática de la realidad física llega al punto de considerar *la información como el fundamento mismo de lo existente*, desplazando así, a la materia y sus leyes que se consideraban como lo primariamente ontológico; el universo contendría y procesaría información como un gigantesco computador. Las consideraciones científicas para este cambio de perspectiva son altamente técnicas, y escapan al propósito de esta revisión. Sin embargo, se puede señalar en forma muy escueta que, los descubrimientos en el seno de la física cuántica, que apuntan a características binarias –bits--, de los estados cuánticos, así como también de las rotaciones de los electrones, que suben o bajan con respecto al núcleo, dirigen la atención de los científicos a la conceptualización informática, hacia la *incertidumbre*. La incertidumbre que se revela en estas descripciones básicas de la física contemporánea –los bits de estar un estado (1), o de no estar (0)--, constituyen el puente para atravesar de la ciencia física a la informática. La incertidumbre, de acuerdo con Shannon, se toma como el corazón de la información posible; a mayor incertidumbre disipada, mayor información, una vez realizada la probabilidad. La teorización de Shannon con respecto al medio transmisor de información, se generaliza y se interpreta, que *los estados físicos concretos con sus características y conductas (leyes) (1), frente a la incertidumbre de los estados cuánticos que no se presentan (0), es lo que constituye la información*; puesto que la información de Shannon es una noción matemática ligada a la realización de una probabilidad que disipa el máximo de incertidumbre. Con esta teorización, el universo concreto se convierte en su totalidad en información, y además, cada vez que se encuentra entropía (incertidumbre) que sube o baja en un sistema, se habla de aumento o disminución de información. Los adherentes a esta tesis de la información como el elemento primario de la realidad, piensan que de este modo se puede unificar la teoría relativista con la cuántica. Naturalmente esta interpretación no es aceptada por todos los científicos, se apunta que esta no es una tesis confirmada, y que todavía prevalecen las leyes físicas como fundamentales, otros argumentan que esta manera informática de entender el mundo físico son meras estrategias matemáticas; en suma, este es un terreno aún en estudio y debate. Lo que parece fácil de entender, si pensamos que esta extrapolación del término información de la informática a la física profunda, conlleva problemas contextuales. En informática se cuenta con la realidad física --los cuerpos materiales y la electricidad--, y las probabilidades, aunque se deslicen a un plano abstracto, se refieren en su aplicación a un mundo concreto. En el mundo de la microfísica, en cambio, nos topamos con el ser o no ser de la realidad misma; un tema espinoso, que no puede conceptualizarse como información (disipación de incertidumbre) sin la presencia de algo (energía o materia, naturalmente con sus leyes) cuyo origen debe explicarse, o desde la física misma, o aceptar abiertamente que se entra en terreno metafísico y teológico. El intentar explicar el origen de la energía como producto del colapso de la onda cuántica, viene a ser un origen desde la nada –o desde lo desconocido--, y no resulta satisfactorio. Una explicación alternativa puede ser simplemente, que la conceptualización informática de la realidad es solo un procedimiento epistemológico pragmático para entender y manejar el mundo natural, sin pretensiones ontológicas.

El uso del vocablo información para designar lo fundacional de la realidad misma –*información cosificada*--, constituye otra variante que debemos tener presente para evitar confusiones en la pléyade de sentidos con que se usa el término información.

Información en biología.

Sin embargo, como veremos en el próximo capítulo, hay objetos naturales que claramente portan información materializada, como es el caso del ADN que lo hace nada menos que en forma digital –como un computador--, una *información funcional* que trasmite a otras estructuras biológicas en forma de signos fisicoquímicos operacionales (dirigidos a realizar una meta biológica). Naturalmente el ADN no tiene conocimiento alguno de esta situación, es un mero medio que materializa información, como un verdadero computador natural. El hombre poseedor de inteligencia se percata de estas acciones del sistema genético y logra entender lo que sucede, ya que estas estructuras orgánico-funcionales son similares, más bien idénticas, a la codificación realizada en un computador y en el lenguaje humano. En este proceso de información biológica no hay un mensaje cognitivo ni simbólico, solo diseño bioquímico –información funcional/operativa--, para realizar funciones indispensables en soporte de la vida, y es perfectamente susceptible de ser entendido por la mente humana.

El ADN no es la única estructura del organismo que funciona como medio de depósito y trasmisión de información funcional, lo que lo distingue es la patente información inscrita en forma digital en la secuencia de sus nucleótidos; se conocen al menos 20 configuraciones intracelulares que poseen configuración y funcionamiento computacional. En rigor, todo organismo es un conjunto de estructuras funciones imbricadas y finamente calibradas que hacen posible la vida. Además de los microcomputadores mencionados, tenemos estructuras que solo operan como medio de trasmisión, para mencionar algún ejemplo, pensemos en los nervios y hormonas de los animales superiores que transmiten mensajes funcionales, y que tienen sus homólogos en seres más simples y unicelulares; en todo rigor, no podemos concebir a ningún ser vivo sin un sistema complejo e interconectado de redes de trasmisión de información responsable de su coherencia funcional. Y también tenemos estructuras que operan solo obedeciendo las órdenes recibidas, estructuras en la que termina una cadena de información transmitida; como ejemplo podríamos citar, un músculo, o una glándula, y muchas estructuras efectoras intracelulares. Estas estructuras no transmiten información, más bien son como pequeñas máquinas orgánicas operadas bioquímicamente por la información que reciben.

Ahora, si estudiamos estas estructuras biológicas envueltas en el depósito, transmisión, y operaciones biológicas de la información materializada, tal como podemos estudiar y entender un artefacto manufacturado que nos es desconocido, vamos adquiriendo paulatinamente conocimientos y captando la inteligencia con que se han construido para operar en las complejas funciones biológicas necesarias para la vida. La inteligencia es sin duda el único poder causal conocido capaz de generar estructuras teleológicas complejas (con propósito y fines específicos; y muy obviamente las portadoras de información digital), de modo que reconocer una acción inteligente en el origen de la información materializada, y en las estructuras biológicas complejas –que la almacenan, transmiten y le responden--, es una hipótesis perfectamente razonable y científica. Esta hipótesis es la proposición de la *Tesis del Diseño Inteligente,* de esta manera, la biológica también entra en contacto con metafísica, sin mezclarse con ella, ni incurrir en elaboraciones intelectuales que requieren de otros supuestos y metodología.

BIBLIOGRAFÍA:

1 Abrar, Umer (June, 2015). Chinese Physicists Measure the Speed of Information Transfer in Quantum Entanglement. En: Physics-Astronomy: http://www.physics-astronomy.com/ (Accedido: Octubre, 2015)

2 Bonsor, Kevin & Strickland, Jonathan (2015). How Quantum Computers Work. http://computer.howstuffworks.com/quantum-computer.htm/printable (Accedido: Octubre, 2015)

3 Byrne, Michael (December 20, 2014). How Information Theory Unifies Quantum Mechanics. En: Motherboard. http://motherboard.vice.com/read/how-digital-information-unifies-quantum-mechanics (Accedido: Octubre, 2015)

4 Durston, KirK. (June 9, 2015). An Essential Prediction of Darwinian Theory Is Falsified by Information Degradation

http://www.evolutionnews.org/2015/07/an_essential_pr
097521.html (Accedido: Octubre, 2015)

5 Information Creates the Universe. Evolution News, May
29, 2015
http://www.evolutionnews.org/2015/05/information_cre
096411.html (Accedido: Octubre, 2015)

6 Quantum information (2015). Wikipedia the free
encyclopedia.
https://en.wikipedia.org/wiki/Quantum_information
(Accedido: Octubre, 2015)

7 University of Waterloo (2015). Quantum computing
101.
https://uwaterloo.ca/institute-for-quantum-
computing/quantum-computing-101 (Accedido: Octubre,
2015)

Capítulo IV

INFORMACIÓN BIOLÓGICA

Información materializada en las estructuras biológicas.

La información biológica es de tipo funcional operativo, esto significa que la información almacenada, transportada y finalmente ejecutada por las estructuras orgánicas, es una configuración de señales bioquímicas específicas; no se trata de mensajes cognitivos semánticos, ni de otro tipo de mensajes de carácter simbólico. La información biológica materializada en esta forma, se encuentra presente a todo nivel de un organismo vivo, simplemente no se puede concebir la vida biológica sin un complejo sistema de información que regule y module su funcionamiento. El paradigma de la información biológica lo constituye el ácido desoxirribonucleico (ADN) por sus extraordinarias características informáticas; pero, la información biológica no se reduce a los ácidos nucleicos, ni a sus características en la trasmisión de mensajes funcionales operativos. Las investigaciones en microbiología muestran que la información biológica es amplia y multidimensional, y opera en complejas redes de comunicación finamente integradas. Este es un campo nuevo de estudio, abierto a la investigación; queda mucho por descubrir y entender.

El **ácido desoxirribonucleico (ADN)** es por excelencia la estructura biológica que encierra más claramente información funcional/operativa, imprescindible en el proceso de traspaso de la carga genética de una generación a otra; su configuración molecular permite almacenar información biológica para la génesis de diversas proteínas fundamentales en el nuevo ser, y aporta factores reguladores indispensables para su desenvolvimiento   orgánico-funcional.   Sin   ADN, simplemente no es posible el   desarrollo de los seres vivientes, ni tampoco se puede concebir el comienzo de la vida en el planeta sin esta estructura biológica fundamental. Un gen es una región del ADN que codifica la producción de proteínas; en el ser humano tenemos más o menos 25,000 genes capaces de codificar más de 100,000 proteínas. El genoma incluye los genes y amplias secciones de secuencias que no codifican proteínas, que por esta aparente inactividad, se le denominó 'ADN basura'. En los últimos años se ha descubierto que este 'ADN basura', no es inactivo como se suponía, sino que contiene múltiples códigos complementarios que afectan profundamente la expresión de los genes y también la expresión de otros procesos celulares. La región genética del ADN responsable de la codificación de proteínas, solo constituye el 2% del genoma humano. (Wells, J., 2013)

Es importante hacer un bosquejo de las estructuras genéticas, y de los procesos envueltos en la reproducción de los organismos, para atisbar la increíble complejidad y coherencia de todos los pasos envueltos en esta función, y en el traspaso intergeneracional de información funcional, comandados fundamentalmente por la carga genética del ADN.

Información digital en el ADN.

Las características morfológicas y funcionales de la molécula del ácido desoxirribonucleico (ADN) preocuparon a numerosos científicos e investigadores por varios años hasta que en abril de 1953, James Watson y Francis Crick publicaron un artículo describiendo la molécula responsable del traspaso genético de una generación a la siguiente: el ADN. Estos investigadores comparten en 1962 el Premio Nobel en Fisiología o Medicina, junto con Maurice Wilkins, por los hallazgos científicos sobre un tema de tan primerísima importancia para la ciencia como es la molécula ADN. Wilkins es considerado el 'tercer hombre' en este descubrimiento de la estructura molecular del ADN; este investigador contribuyó con numerosos descubrimientos, aplicando a los filamentos del ADN, la técnica de cristalografía con Rayos-X: imágenes de difracción de los Rayos-X en cristales, con lo que pudo entender la estructura de la molécula. De acuerdo a Lotta Fredholm (2003), la estructura helicoidal del ADN fue en realidad descubierta por Rosalind Franklin, investigadora coetánea de Watson y Crick que trabajaba también en cristalografía con Rayos-X (famosa por su 'fotografía 51'), y que aportó información fundamental a los dos investigadores históricamente famosos.

La molécula de ácido desoxirribonucleico (ADN) se encuentra en el núcleo celular de la célula germinal (y todas las células del organismo), está constituida por una doble cadena –o cordones--, de fosfatos y azucares (desoxirribosa); los fosfatos están ubicados en la parte externa y los azucares en la parte interna de cada cordón, que corren en dirección opuesta --anti-paralelos--, y se retuercen en forma helicoidal con giros hacia la derecha, conteniendo entre ellos, aproximadamente 10 nucleótidos por vuelta; los nucleótidos están constituidos por una base nitrogenada, azúcar y ácido fosfórico. Los nucleótidos entre estas dos cadenas se encuentran ubicados en parejas que impiden que los cordones se junten, formando de esta manera, una estructura en tres dimensiones. Esta estructura corresponde al ADN de forma-B, y es la configuración más común de ADN en la naturaleza; también se encuentra en forma natural el ADN-Z, en el que la hélice gira hacia la izquierda (las variaciones de la estructura helicoidal depende del contenido de sal, humedad y tipo de nucleótidos envueltos en la sección del ADN). (Porter S, 2014; Fredholm L, 2003) La estructura helicoidal del ADN es una característica típica del ADN, así como su universalidad en los seres vivos.

Las bases de nucleótidos en el ADN son cuatro: **adenina, tiamina, guanidina y citosina.** La cantidad de ADN varía en los diferentes organismos, pero como la adenina forma siempre una pareja con la tiamina en el ADN, su cantidad es igual en cualquier ADN, lo mismo sucede con la guanidina que forma siempre una pareja con la citosina (Regla 1 de paridad de Chargraff). En el ADN humano la primera pareja constituyen el 60% (30% - 30%), y la segunda pareja el 40% (20% - 20%). Las parejas de nucleótidos están unidas por enlaces de hidrógenos y se colocan entre las dos cadenas del ADN, formando una especie de escalera, en la que las parejas constituyen los peldaños. Las parejas se unen por un extremo a una cadena del ADN mediante un nitrógeno de la base y un carbono del azúcar de la cadena, pero el otro extremo queda libre, no se une ni a la cadena opuesta, ni a la pareja de nucleótidos unida a ella; con esta disposición de las cadenas paralelas, y sus parejas de nucleótidos, se puede describir al ADN como una cremallera, que se abre – separa--, en el proceso de duplicación o replicación. (Ver: Complementary Base Pairing)

La división del ADN es el proceso esencial en todos los seres vivos para su reproducción y traspaso de material genético; la división del ADN se denomina **replicación**; en el proceso de replicación o duplicación del ADN, no se genera nueva información, solo se duplica en dos copias iguales. La replicación o división da lugar a dos replicas del ADN, lo que es posible porque al dividirse el ADN se separan las dos cadenas con pares de bases colgando como dientes de una peineta, y se completan gracias a que cada cadena sirve de patrón para completar la otra, con la acción de enzimas ADN polimerasas que agregan los nucleótidos que faltan a cada cadena separada. En este proceso de replicación pueden ocurrir alteraciones, aunque existen enzimas que corrigen los errores que puedan ocurrir. (Fredholm L, 2003) Como es fácil imaginar, estos procesos son altamente complejos y coordinados con la acción de numerosas enzimas y proteínas accesorias, y naturalmente varían de acuerdo a la complejidad del organismo viviente. En los organismos unicelulares, todo este proceso ocurre en la célula madre, en los seres pluricelulares, la reproducción encuentra células especializadas para estos efectos.

De este modo el ADN constituye una pieza esencial para la trasmisión genética de una generación a otra, en todos los organismos, desde bacterias y levaduras, hasta el ser humano, excepto en algunos virus que poseen ácido ribonucleico (ARN) en vez de ADN. El ADN humano posee 3000 millones de pares de bases de nucleótidos en una extensión de las cadenas del ADN de más de un metro de longitud que se reparte en 23 pares de cromosomas presentes en todas las células del organismo para regir las actividades celulares (la replicación para la reproducción de mamíferos solo ocurre en las gónadas, responsables de producir los gametos o células sexuales). En cambio, una bacteria, como la E coli tiene 3000 pares de bases, y su genoma es solo de 1 milímetro de largo. (Fredholm L, 2003)

La información funcional materializada en el ADN está contenida concretamente en la secuencia de las base de nucleótidos a lo largo de su estructura helicoidal; esta materialización de información no es simbólica, sino funcional bioquímica, y corresponde a una 'complejidad especificada' de acuerdo a la tesis probabilística de William Dembski (1998). No todas las secciones del ADN juegan un papel directo en el transporte de información; estas secciones inactivas participan en acciones moduladoras y reguladoras del proceso genético. La codificación de mensajes en el ADN es muy compleja, y aún no bien entendida; por ejemplo, tenemos que muchos nucleótidos del ADN participan en múltiples mensajes diferentes, lo que hace difícil el estudio y comprensión de mensajes operativos simples de las secuencias de nucleótidos; este tipo de combinación de mensajes son comunes a nivel del ARN.

Las secuencias de los nucleótidos se conservan en la **replicación del ADN** y así se va a preservar la carga genética en el nuevo organismo. Las secuencias se pueden concebir como un algoritmo computable que transporta las órdenes para la construcción de proteínas y la implementación de factores regulativos fundamentales en la formación del nuevo ser. (Aguirre, C, 2013. Cap. 6) En el nuevo organismo, las secuencias del ADN son copiadas por el ARN mensajero (mARN; una especie de fotocopia del genoma), proceso conocido como *transcripción.* Las cuatro bases del ARN son: adenina, uracilo, guanidina y citosina. El mARN sirve de patrón para copiar el código en un ARN (tARN) que lo transporta (*traslación*) al ribosoma ubicado en el citoplasma celular, para iniciar los complejos procesos de generación de proteínas que forman las estructuras del nuevo organismo (el tARN funciona como una especie de diccionario para la decodificación). *El código copiado en el mARN consiste en tres bases (triplete) que constituyen la matriz para la formación de un aminoácido; este código de tres bases es conocido como cotón,* y es muy similar en todos los organismos. La decodificación se realiza en el ribosoma citoplasmático para la elaboración de los 20 aminoácidos esenciales, y su adecuada disposición en la síntesis de proteínas activas con las que se construye el cuerpo celular y sus funciones: **fenotipo.** Un organismo necesita una cantidad inmensa de familias de proteínas que posean una estructura tridimensional (3D) particular, para cumplir funciones biológicas específicas (la estructuración espacial de la proteína es resultado de la acción física de los aminoácidos envueltos). Es importante señalar que *en este fino proceso de implementación de la información genética intervienen encimas preexistentes que lo facilitan y lo moldean,* al punto de que existe un grado de variabilidad significativo, desde el mensaje a nivel del ADN, y las proteínas ensambladas al final de este curso de interacciones bioquímicas de la cadena genética. Se puede afirmar, que *la información en el ADN es necesaria, pero no suficiente para lograr finalmente una proteína funcional doblada tridimensionalmente.* Para lograr los dobleces en 3D de las proteínas se necesita precisamente de la presencia de una encima preexistente. Las *proteínas enzimáticas preexistentes* que permiten el traslado de la información del ADN a su función final (construcción de proteínas), están disponibles antes de la acción de la información genética del ADN, con lo que se genera el problema epistemológico de, cuál se originó primero, o como comúnmente se le describe, "el problema del huevo o de la gallina" en la génesis de la primera célula; la alternativa a esta disyuntiva es que la información en las proteínas enzimáticas preexistentes y la información del ADN aparecieron simultáneamente en la historia del universo.

El ADN codifica fundamentalmente la formación de aminoácidos, los bloques indispensables para construir la complejidad celular, pero para esta construcción se necesita un plano, en otras palabras información que guie el ensamblaje de estos ladrillos para el funcionamiento de la célula. La ubicación de esta información y su codificación, permanece desconocida dentro de lo que se conoce como la *epigenética* (información proveniente de otras fuentes que el ADN y sus genes).

Codificación de información materializada en el ADN.

Desde los estudios de Francis Crick y James Watson a mediados del siglo pasado, el ADN se ha ido revelando que opera como un pequeño computador, basado en la presencia de las cuatro bases de nucleótidos que se combinan en diferentes secuencias, entre las dos cadenas de azucares y fosfatos de la molécula del ADN, para transportar órdenes funcionales de una generación a otra. En el nuevo ser, trasporta las órdenes del núcleo al citoplasma celular de la célula madre, mediante el ARN para finalmente decodificarse e implementarse en el ribosoma: elaboración de aminoácidos y diversas proteínas. Las cuatro bases nucleónicas son como las 'letras' de un abecedario, --un lenguaje genético--, cuya combinación en los codones constituye una 'palabra' que comanda y dirige la elaboración de aminoácidos esenciales para la vida (20 aminoácidos); los codones constituyen el **Código genético**, universal para todos los organismos. Los genes son secciones genéticamente activas en el ADN, son como 'frases' del lenguaje genético, su conjunto constituye el **genotipo**. Pero, este proceso no es sencillo, más bien es extremadamente complejo y aún en estudio, porque su regulación está comandada por órdenes igualmente codificadas en el ADN que también regulan otros genes; además, este proceso está abierto a influencias provenientes de otras fuentes, fundamentalmente de las estructuras celulares del ribosoma, lo que constituye parte de la *epigenética*, que a su vez recibe condicionamiento del medio externo del organismo; es interesante notar que el ARN también controla la actividad de los genes del ADN, además de modificar otros ARNs y ayudar en la síntesis de proteínas. (Dolgin E. 2015) La información funcional del ADN no es ni directa ni determinante, sino que más bien plástica, respondiendo a condicionamientos variados, con asas de retro alimentación y suplementos de otras fuentes, pero continúa siendo de importancia primaria.

La secuencia de las cuatro bases de nucleótidos que forman los peldaños de la escalera helicoidal constituyen los elementos básicos portadores de la carga genética del ADN. La secuencia de los nucleótidos en el ADN no es debida a la afinidad química de sus componentes, el orden de los nucleótidos no está regido por necesidad de las leyes naturales, si así fuera, estas secuencias no contendrían ningún tipo de mensaje, serían meramente estructuras químicas rígidas, sin información. Estas bases, como hemos visto, se organizan en codones a nivel de ARN, y el codón corresponde a un byte de 8 dígitos de una computadora, pero como el codón tiene tres bases – 'dígitos'--, cada uno con cuatro valores, *los valores posibles de un byte de ADN es 64* (4x4x4=64). De modo que la codificación en codones es 'digital', pero no binaria. El número de valores posibles del byte del ADN es relativamente bajo comparado con las del byte de ocho bits electrónicos, pero si consideramos la inmensa cantidad de pares de bases que contiene esta molécula, la posibilidad de almacenar información es enorme.

El ADN posee varias características muy atractivas para investigadores que buscan un medio para almacenar grandes cantidades de información por tiempo prolongado; entre otras: estabilidad del ADN en el tiempo, gran densidad (ocupa un mínimo de espacio), y tiene un inmenso número de nucleótidos en su cadena, aprovechables para depositar información codificada, con la gran ventaja que cada nucleótido de las cadenas ADN y ARN, no tiene ninguna dependencia con los nucleótidos que lo preceden o que lo siguen, con lo que pueden ser acomodados para satisfacer la codificación que el programador humano desee. (Johnson, D, 2013). La biotecnología utiliza el ADN para estudiar fósiles y conocer sus características, pero también está haciendo significativos avances en el almacenamiento y conservación de información de variado tipo en las estructuras secuenciales de los nucleótidos. Para este propósito, se puede copiar un archivo digital binario traduciéndolo al código con cuatro dígitos del ADN. Naturalmente la tecnología para realizar estas traducciones –y decodificación--, es costosa económica y prácticamente, pero por este camino se va abriendo una interesante posibilidad para preservar importantes archivos y documentos que no necesitan ser consultados frecuentemente. La 'Información de Shannon' nos ayuda a calcular matemáticamente la capacidad de transporte y almacenamiento de información del ADN y del ARN. Como hemos ya hemos visto, la probabilidad de ocurrencia de una base nucleotida específica en la cadena de estos ácidos nucleicos, es equivalente, esto es, igual para las cuatro bases, por lo que la probabilidad de que se ubique un nucoleotido particular en un sitio dado, es de ¼, o 0.25 (p). Conociendo este valor (p), y el número de núcleotidos en una cadena de longuitud conocida se puede conocer el potencial de información de estos ácidos (p $= (1/4)^{n}$). Aún el ADN del más simple organismo posee más de 150.000 nucleótidos.

Lenguaje y computación en genética. A las cuatro bases de nucleótidos del ADN, se les   describe como 'letras' de un abecedario, como los elementos básicos de un lenguaje. Y como hemos visto, a los cotones se les llama 'palabras', y más aún, a los genes: 'frases', a los cromosomas: 'libros' y al genoma: 'biblioteca'. Dentro de la definición actual de lenguaje caben diversas acepciones, naturalmente la primaria está referida a sonidos o signos empleados para la comunicación de los seres humanos, pero también a signos y reglas con que se escriben los programas de computación, y como 'lenguaje de máquina' se incluyen los bits digitales binarios que permiten el funcionamiento del computador. De modo que lenguaje tiene una amplia definición en la que caben las características funcionales de las cuatro bases del ADN.

Pero es importante señalar, para nuestro interés, que este lenguaje biológico, no es una comunicación de conceptos o símbolos con sentido entre agentes inteligentes, entre seres humanos; sino que se trata de un material bioquímico que en su comportamiento –a nuestro entender científico--, sigue las leyes naturales pertinentes. El almacenamiento de información biológica en el ADN es en un medio bioquímico, y su comportamiento posterior, desde la replicación del ácido en el núcleo de las células progenitoras, hasta la 'decodificación' en el ribosoma citoplasmático del nuevo ser, también son conceptualizados en ciencia como fenómenos bioquímicos. Sin embargo, y muy importante de enfatizar, es que la configuración de los elementos bioquímicos envueltos en este proceso genético, están organizados de tal forma que su comportamiento está orientado a una meta funcional específica: elaboración de proteínas y regulación de genes; se trata de un proceso teleológico, ordenado a un fin. Todo proceso teleológico implica propósito, discriminación y elección; un proceso con estas características no resulta de coincidencias y/o de leyes naturales ciegas, para ello se necesita inteligencia organizadora, una agencia inteligente responsable. A esta complejidad hay que agregar que para que el proceso genético se vaya realizando, se necesita la presencia de numerosas enzimas y otras macromoléculas, y estas para su origen necesitan información del ADN. Esto constituye un verdadero problema para una teoría evolutiva que intente explicarlas en forma secuencial, como lo es también la enorme cantidad de información biológica que es necesaria tener de partida para la existencia de la maquinaria que hace posible la expresión del ADN. Se hace cada día más claro que el ADN no es la única fuente de información biológica, este es un campo de investigación todavía en estudio. Como comenta Steve Laufmann (2015), a medida que aumente la investigación en microbiología es muy posible que ya no se hable de *sistemas biológicos* que contienen información, sino más bien de *sistemas de información* que están codificados en biología.

Computadores naturales.

Desde la informática se hacen interesantes estudios de la complejidad de los desarrollos genéticos y otras actividades bioquímicas celulares, para entenderlos como procesos computacionales,. Esto significa que los organismos vivos contendrían computadores en su estructura orgánica y funcional. Para calificar de computador una estructura compleja o artefacto, se necesita que posea, una entrada de datos (o datos inscritos previamente), un programa (software) con capacidad de procesamiento de datos y memoria, y una salida de datos procesados (Johnson, D. 2013). Estas características se pueden dar en algunas estructuras funcionales celulares, al menos en forma parcial, con algunas interrogantes y con una enormidad de factores funcionales conectivos con la totalidad coherente y orgánica que es una célula, u organismo. Las similitudes entre computadores y estructuras orgánicas funcionales no pueden dejar de verse sobre un hecho claro y contundente, el computador es un artefacto creado por el hombre, tanto en su estructura material como en los programas que lo comandan; en cambio, las configuraciones genéticas, y toda la estructura funcional del organismo, constituyen un objeto natural, vivo. El computador sabemos cómo está construido y cómo opera por complejo que sea, no así el organismo vivo; simplemente no sabemos cómo se estructuraron los fundamentos orgánicos –hardware--, que soportan y hacen posible el funcionamiento de los innumerables y finos 'programas' –software—, que manejan la genética y el desarrollo de los organismos, cuya génesis tampoco es entendida; lo que sí es claro, es que su origen y funcionamiento, no pueden explicarse en forma mecanicista, su configuración y funcionamiento apuntan a un poder causal inteligente. Las interrogantes que surgen a nivel informático con respecto a estos computadores biológicos son múltiples: cómo se generan mensajes dobles, cómo se coordina la integración de mensajes provenientes de diversas fuentes distantes, cómo se trasmiten las señales de retroalimentación, y muchas más. (Programming of Life, 2012).

Es interesante notar que se habla con frecuencia de "símbolos" en la trasmisión de los complejísimos 'programas' biológicos, cuando los símbolos son signos que representan algo, como: una bandera, una cruz, un cinturón negro de un karateca, etc. o, como los bits y bytes que pueden representar algo para ser transportado en un computador; una representación es entendible solo para un agente inteligente, es una convención. Las estructuras orgánicas biológicas no tienen precisamente capacidad de entendimiento, solo responden a señales bioquímicas; se trataría más bien de 'mensajes funcionales' específicos en los diseños de sus configuraciones bioquímicas, y sus innumerables y coherentes relaciones con el resto de la célula, el organismo y el ambiente; un conjunto que habla de una organización total sincronizada y finamente organizada. No es necesario recalcar, que nuestra comprensión de los procesos biológicos que hacen posible la vida, dista mucho de ser adecuada, y satisfactoria; en este sentido es oportuno mencionar, y tener presente, que estos procesos son esenciales para que sea posible la vida, pero la vida misma, es más que estos procesos. Aquí, la ciencia biológica, encuentra otra frontera a sus posibilidades; un terreno abierto a la reflexión metafísica, y teológica.

De manera que podemos estar en terreno firme si aceptamos que de estos fenómenos biológicos, solo tenemos una visión parcial de tipo bioquímico (guiado – configurado--, por programas genéticos), con una comprensión bioinformática insuficiente de la codificación biológica y de las operaciones formales asociadas (semiosis: conecta signos y significado (operativo); biocibernética: estudia las hardware biológicas y los programas –software). En un *sistema semiótico* (al menos 20 identificados en biología) tenemos 'signos', como por ejemplo, en el sistema genético ADN, están las bases nucleónicas del tARN, y 'códigos' como los tripletes, y un 'sentido' --más bien--, meta bioquímica: aminoácidos esenciales (porque hay una cadena bioquímica del cotón al aminoácido); y resultado final – aminoácido esencial--, que depende de un cotón específico. Es al nivel del cotón donde se produce la codificación específica (triplete) con una meta determinada (aminoácido), y como el cotón podría ser diferente, ya que tiene 64 valores posibles, se piensa que a este nivel hay una zona de contingencia que rompe la inevitabilidad de las leyes bioquímicas determinantes; y es la secuencia de las bases nucleótidos en el ADN (información materializada) la responsable fundamental de la configuración de los cotones y finalmente, de la posición de los aminoácidos en las proteínas. El ADN aporta el programa (software), pero necesita de la maquinaria, del hardware (interruptores, y otros estados moduladores), para que este programa se realice (la génesis de esta maquinaria necesita también un poder causal inteligente); no es necesario señalar que este proceso es extremadamente complejo y, aún en estudio. De modo que la información funcional del ADN, --no totalmente entendida en su riqueza y complejidad--, aunque necesaria, no es suficiente para explicar la totalidad de la complejidad del proceso genético, ni la coherencia integrada del funcionamiento de una célula en desarrollo.

Como ya hemos visto, la 'información' se ha convertido en un vocablo que significa diversas cosas en nuestra sociedad actual, y que aplicada a la biología puede confundir, sobre todo cuando no se tiene presente que la información en los sistemas biológicos está materializada y es de carácter funcional, no semántico, ni simbólico (lo que requiere interpretación y conocimiento de convenciones). Si se cayera en este tipo de errores, se estaría atribuyendo propiedades psicológicas a estructuras bioquímicas. Naturalmente los estudios informáticos constituyen un importante aporte a la comprensión de los fenómenos biológicos, pero hay que prevenir distorsiones y reduccionismos, sobre todo cuando estos errores pasan al dominio público como verdades científicas establecidas firmemente, un público influido por las ideologías imperantes en el clima cultural actual.

En este escueto bosquejo de los procesos genéticos y epigenéticos he intentado presentar el uso del término información en microbiología. Se ha enfatizado que información a este nivel, significa información materializada en estructuras bioquímicas; y son estas estructuras las encargadas de realizar las tareas de formación y funcionamiento del nuevo organismo. También se ha señalado la inmensa complejidad y riqueza en la coordinación del funcionamiento celular (y del organismo). Sin embargo, conveniente subrayar, que esta fina orquestación de la actividad celular que recibe las informaciones genéticas y epigenéticas, y a través de este último sistema, las influencias del medio externo, no pueden ser explicadas exclusivamente por algoritmos informativos que corren por canales bioquímicos. La necesidad de una ordenación sistémica y homeostática del organismo, se hace evidente, por lo que este tema constituye un área de creciente interés en la investigación de la regulación biológica; y de hecho, ya estamos viendo en biología, las explicaciones top-down de numerosos procesos, lo que apunta a acciones con una visión general, 'formal', en ciencia.

BIBLIOGRAFÍA:

1 Aguirre del Pino, Cristian (2013). El Origen de la Información Cósmica. OIACDI. Oiacdi.org

2 Complementary Base Pairing: Definition & Explanation. En: Study.com. http://study.com/academy/lesson/complementary-base-pairing-definition-lesson-quiz.html (Accedido: Septiembre, 2015.)

3 Dembski, William A (1998), The Design Inference: Eliminating Chance Through Small Probabilities. Cambridge UP, 1998

4 Dolgin, Elie (2015). The Elaborate Structure of RNA. Nature. http://www.nature.com/polopoly_fs/1.18014!/menu/main/topColumns/topLeftColumn/pdf/523398a.pdf (Accedido: Septiembre, 2015.)

5 Fredholm, Lotta (2003). The Discovery of the Molecular Structure of the DNA: The Double Helix. A Scientific Breakthrough. Nobelprize.org. http://www.nobelprize.org/educational/medicine/dna_double_helix/readmore.html (Accedido: Septiembre, 2015.)

6 Johnson, Donald (2013). Biocybernetics and Biosemiosis. http://www.worldscientific.com/doi/pdf/10.1142/9789814508728_0017 (Accedido: Septiembre, 2015.)

7 Porter, Sandra, April, 2014. Discovering Biology in a Digital world. Science Blogs. http://scienceblogs.com/digitalbio/2014/04/25/the-a-b-zs-of-dna/ (Accedido: Septiembre, 2015.)

8   Programming   of   Life   (2012). http://www.programmingoflife.info/   (Accedido: Septiembre, 2015.)

9 Wells, Jonathan (2013). Not Junk After All: Non-Protein-Coding DNA Carries Extensive Biological Information. En: Biological Information – New Perspectives. http://www.worldscientific.com/doi/pdf/10.1142/97898 14508728_0009 (Accedido: Septiembre, 2015.)

Capítulo V

ORIGEN DE LA INFORMACIÓN BIOLÓGICA

Origen de la Información biológica.

Como ya hemos visto en el apartado anterior, la estructura genética de un ser humano con su carga de mensajes funcionales proviene de sus progenitores, y la de estos, se remonta a sus antecesores, y así sucesivamente hasta alcanzar el organismo más simple que comienza la cadena(s?) de la vida en el planeta. Las estructuras genéticas (incluyendo al ADN, ARN y macromoléculas) son fundamentales para la vida de cualquier organismo, y esto no es excepción para la primera célula viva en el desarrollo del universo. Lo característico de las estructuras genéticas es su contenido en información, indispensable para guiar el desarrollo y función celular. De manera que la cuestión crucial es el origen de la información biológica, información que en biología molecular se adscribe primariamente al ADN y al ARN, pero la información biológica no está reducida solo a estas estructuras, también se encuentra en las configuraciones celulares constituyendo una rica fuente de información epigenética, que complementa y hace posible la expresión de la información genética.

El carácter funcional alfabético de las cuatro bases de nucleótidos en el ADN y el ARN y de los veinte aminoácidos esenciales en las proteínas, permite a los investigadores en microbiología, calcular la capacidad de información de estas estructuras, utilizando los estudios matemáticos de Shannon. De este modo se puede cuantificar la capacidad de información contenida (transportada) en las secuencias de las letras alfabéticas de estas estructuras. (Meyer S C, 2007) Pero como ya vimos anteriormente, esta Información de Shannon, no puede identificar mensajes simbólicos o funcionales codificados en una secuencia de caracteres; y esto es muy importante en biología que estudia precisamente las funciones de las estructuras orgánicas. La Información de Shannon no puede distinguir la *propiedad de especificidad funcional* en las estructuras del ADN y del ARN, solo nos informa de la capacidad de almacenar y transportar información, pero no nos dice nada de la información funcional. La ***especificidad funcional*** de una secuencia de caracteres, se refiere a ***su orden preciso***, responsable de la función específica que se transporta.

William Dembski (1998) aborda este orden preciso, desde el análisis estadístico matemático de las secuencias complejas, y señala que se habla de **especificidad** *de estas secuencias*, cuando aparece un esquema que cae dentro de un patrón o dominio dado, independiente de la secuencia estudiada, como sería una frase coherente y con sentido en una secuencia de letras --obviamente compleja--, que corresponde a un idioma establecido (compárese con una secuencia compleja de letras, sin esquema, sin orden ni sentido, esto es, una ensalada de letras ininteligible). También Dembski habla de especificidad, cuando el esquema que aparece en la secuencia estudiada, coincide con un requerimiento funcional independiente --especificidad funcional, propia de la biología (en biología no tenemos especificidad simbólica que requiere la lectura de un ser inteligente)--, como sería el caso de la secuencia específica del ADN, que es indispensable para la construcción de proteínas, básicas para el funcionamiento celular. (Meyer S C., 2007) De modo que estas estructuras biológicas portadoras de información, no solo son especificadas, sino también altamente complejas (de génesis improbable del punto de vista probabilístico; más aún, definitivamente improbables, si se considera la especificidad contenida), plenas de incertidumbre en su construcción, y por tanto, ricas en capacidad de contener y trasportar información, de acuerdo a la teoría informática de Shannon.

*La **especificidad funcional*** de las estructuras genéticas *no es una mera metáfora*, elaborada como un remedo de la información simbólica que se utiliza en los computadores. Esta especificidad es real y perfectamente susceptible de confirmarse en el curso de la actividad genética, y estrictamente dependiente de la configuración específica de las bases de nucleótidos. Esto no constituye un hecho curioso o excepcional, ya que como hemos visto, en computación tenemos órdenes –configuración de señales electrónicas--, para operar maquinarias robóticas; estas órdenes no son simbólicas, sino que funcionales, su 'sentido' está en su función operativa.

El origen de las estructuras complejas especificadas en el curso del desarrollo del universo, no es un asunto baladí, pues se trata del comienzo de la vida en nuestro planeta. Este es un tema que rebasa la ciencia experimental, para adentrarse en la filosofía y en la religión, por lo que no es de sorprender que esté cargado de ideología y de emociones. La ciencia no puede emplear sus métodos usuales de observación y experimentación para explorar este acontecimiento histórico irrepetible, puede a lo más, intentar concebir las condiciones ambientales que pudieron haber estado presentes en ese momento crucial. A este impedimento hay que agregar que la reproducción de este ambiente posible en los laboratorios actuales, no es sencillo, para decir lo mínimo; por lo que los resultados que se han obtenido en estos intentos, son fragmentarios, parciales, sin coherencia explicativa que dé cuenta cabal de la aparición de estas configuraciones biológicas. El estudio del origen de la información biológica en ciencia, por las condiciones mencionadas, corresponde a las ciencias históricas. (Ruiz R, F. 2014)

No es el propósito de este trabajo explorar los detalles de los diferentes acercamientos que se barajan para ofrecer una hipótesis adecuada a esta pregunta por el origen de la información biológica. Las hipótesis más frecuentes recurren al azar en combinación con las leyes de la naturaleza, las estructuras biológicas complejas especificadas serían el resultado de las interacciones casuales de diversas sustancias químicas en el ambiente propicio de la tierra en ese entonces. Ya hemos mencionado que esta posibilidad no se ha podido demostrar en laboratorios, y permanece todavía como una mera especulación. Desde el punto de vista teórico esta hipótesis resulta inverosímil si pensamos que las leyes de la naturaleza son producto de las cuatro fuerzas físicas elementales (f. gravitacional, f. electromagnética, f. nuclear mayor f. nuclear débil), fuerzas que no poseen ningún principio organizador que pueda construir complejidades con sentido funcional como para ser asiento de la vida. Tampoco las constantes físicas ni la indeterminación cuántica poseen un principio capaz de generar las estructuras teleológicas observadas en biología. Para la aparición de estructuras teleológicas se necesita un poder causal con propósito y capacidad de elección, que no son propias de las leyes de la naturaleza; en otras palabras se necesita un poder causal inteligente.

Azar. Hay que puntualizar que el azar *no es un ente existente por sí mismo*, sino que alude a coincidencias fortuitas de la dinámica de lo existente, con sus fuerzas y constantes fundamentales. Los autores de espíritu naturalista, --pensando posibilidades en abstracto--, todavía albergan esperanzas de que las coincidencias, aunque escasas, sean posibles. Dembski W. (1998) les recuerda matemáticamente que las probabilidades están limitadas por las circunstancias físicas concretas restrictivas, particularmente la edad de nuestro universo; las probabilidades del azar en estas circunstancias, terminan en $1/10^{150}$, una probabilidad que se puede traducir más o menos a 500 bits de información 'posibles' de atribuir a lo fortuito; esto es nada frente a la complejidad biológica organizada. Así, una proteína corriente de 300 aminoácidos para lograr formarse a fuerza de coincidencias brutas, requeriría un tiempo que excede con creces la existencia del universo; en caso de una macromolécula como el ADN, el tiempo requerido alcanza cifras colosales, virtualmente imposibles de ser producto del azar.

Pero no se trata solo de la improbabilidad de la ocurrencia por azar de la complejidad molecular de estas estructuras biológicas, que de suyo es aplastante; sino que además, hay que considerar su especificidad (la presencia de un patrón significativo funcional) que, de acuerdo a las reglas estadísticas, *justifica la eliminación del azar como factor causal*. Se puede ganar con un número de la lotería -- habitualmente de pocos dígitos, un evento de baja probabilidad, pero posible--, pero si se gana dos o más veces de corrido (una situación de especificidad), ya no se considera estadísticamente posible, y se sospecha fraude. (Meyer S C, 2007. Pag. 16-18)

Evolución química prebiótica.

Curiosamente, frente a las dificultades de la explicación por azar, se ha recurrido a la existencia de una evolución química prebiótica, para explicar el advenimiento de estas estructuras biológicas. Incluso se ha considerado una especie de *selección natural de moléculas* que se ensamblan inicialmente por puro azar. Los problemas con este tipo de explicaciones son múltiples, entre otras, esta selección natural implica un cierto mecanismo de replicación de moléculas para que 'sobrevivan' las más aptas, pero este proceso requiere ácidos nucleídos y proteínas, básicamente se necesita una acción inteligente que genere información que es precisamente lo que se está tratando de explicar su origen. Además, esta selección natural, echa mano al azar para explicar la aparición de elementos básicos necesarios para que pueda comenzar a operar este mecanismo. (Mastin, L, 2009) También se han empleado *modelos computacionales* para demostrar este proceso tipo darwiniano a nivel de las reacciones químicas, pero los modelos son creados por los seres humanos, y sus intereses y propósitos se reflejan o filtran en sus creaciones; por ejemplo, se considera que polipéptidos no funcionales como otorgando beneficios evolutivos, o se habla de metas de las proteínas, como si estas tuvieran una mente capaz de fijarse fines; en suma, estos modelos computacionales dirigen los procesos --sutil y subrepticiamente--, a las metas que se quieren demostrar; en otras palabras, esas metas necesitan la presencia de información inteligente (la del operador). (Meyer. S C. 2007. Pag. 19 y ss.)

Fuerzas de autoorganización.

Más recientemente los investigadores del origen de la vida –información--, han especulado acerca de fuerzas o tendencias de auto-organización en las sustancias químicas, que darían cuenta de la aparición de las estructuras necesarias para la vida. Se ha pensado que estas sustancias tendrían atracciones y rechazos con distintas intensidades que podrían explicar la unión de los aminoácidos necesarios para la síntesis de proteínas; algo similar a lo que ocurre con las fuerzas electroestáticas que juntan el Na con el Cl para formar cristales ordenados, o como los vientos generan vórtices, o las aguas calientes que crean diversas corrientes con cierta regularidad, etc. Sin embargo, aunque existen diferencias en afinidades en los aminoácidos, estas no coinciden con las uniones que se ven en las proteínas, y más importante, *no hay diferencia de afinidad química entre las cuatro bases de nucleótidos, ni entre estos y la cadena del ADN a la que se unen.*

Otros científicos han recurrido a la **termodinámica de los sistemas abiertos**, como son los seres vivos, y han especulado que bajo la inyección de energía de una fuente externa, los aminoácidos se podrían agregar como ladrillos, y generar las estructuras proteicas; pero, la energía es una fuerza simple sin la capacidad de generar complejidad especificada. También se ha sugerido la ocurrencia de un proceso de *'auto-catálisis'*, una vez que se han formado configuraciones moleculares particulares; este es un proceso que requiere de condiciones previas específicas, para cuyo origen se recurre al azar. Esta hipótesis no se ha podido demostrar satisfactoriamente. (Kauffman, S. 1993)

En las investigaciones que intentan explicar el origen de la vida es muy frecuente notar lo que ya hemos mencionado, la filtración de los propósitos del investigador en sus investigaciones, como: elección de contexto ambiental, elección de material químico presente, recurso al azar para justificar aparición de elementos indispensables, etc.; y también se encuentra que, simplemente en muchos de estos trabajos, olvidan u omiten explicar la aparición de la información, indispensable para muchos de los procesos que proponen con sus investigaciones, o trasladan el problema de su origen a un nivel previo, sin enfrentarlo.

Todos los intentos de encontrar explicaciones naturalistas basadas en fuerzas, afinidades y procesos químicos, tropiezan con la realidad evidente y tangible de la considerable y compleja información biológica indispensable para el funcionamiento y sostenimiento de la vida. No se puede dejar de recalcar que no se conocen fuerzas o leyes naturales que muestren capacidad de organización suficiente para dar cuenta del origen de la información necesaria para soporte de la vida.

Leyes naturales e información. Desde el punto de vista de la informática se puede constatar que la notable variedad de combinaciones en las estructuras del ADN en los diversos tipos de organismos, señala una riqueza de posibilidades, y una flexibilidad increíble en la configuración de este ácido nucleótido. La rigidez de las leyes de la físico-química, solo puede reducir estas propiedades indispensables para generar la información que rige el curso de las diversas especies; la regularidad de estas leyes solo genera patrones regulares y fijos. La flexibilidad y la contingencia resultan imprescindibles para la creación y trasmisión de información. Si pensamos en la Información de Shannon, esta nos dice que el potencial de información equivale a la incertidumbre, y esta incertidumbre depende de la complejidad y de la contingencia. La regularidad de los patrones en procesos regidos estrictamente por las leyes naturales – redundancia--, disminuye su complejidad y su incertidumbre y, así también, su capacidad de trasmitir información. De manera que la complejidad y la contingencia son particularmente importantes para las estructuras biológicas, solo así es posible la generación de especificidad de la estructura compleja, base de la información funcional. Como claramente lo explica Steven Meyer (2007, pag. 26): "Lo que necesita explicación no es el origen del orden (definido como simetría), sino la información especificada --las secuencias altamente complejas, aperiódicas, y (sin embargo especificadas) que hacen posible la función biológica."

Generación del ácido ribonucleico (ARN).

Encontrar una explicación plausible –sin mencionar, demostrable—de la génesis primaria del ADN, es una tarea que ha resultado infructuosa para el naturalismo estricto, basado en la combinación de leyes naturales conocidas, y el azar. Como hemos visto, el ADN es una macromolécula que se puede auto-replicar con lo que la hace indispensable para la aparición de la primera célula en la historia del universo. Pero el ARN se convirtió en el candidato ideal para explicar la emergencia de la vida en el ambiente primitivo del planeta, cuando se descubrió que el ARN no solo contiene información biológica, sino que además, esta molécula se puede plegar en distintas formas y múltiples estructuras, con lo que se posibilitarían funciones enzimáticas diferentes, y operar con limitada propiedad catalítica, para generar otras moléculas de ARN –una especie de replicación--, sin necesidad de otras proteínas enzimáticas preexistentes. Esta macromolécula podría ejecutar las dos funciones fundamentales necesarias envueltas en el proceso genético: aportar información y operar como una enzima, similar a las proteínas modernas enzimáticas de este sistema que posibilitan la replicación y el proceso genético; el ADN no posee propiedades enzimáticas. El ARN se bastaría a sí mismo. (Marshall, M. 2011. Dolgin, E. 2015)

Los investigadores afanados en encontrar explicaciones evolutivas naturalistas al origen de la vida, imaginan que su comienzo se debería a la presencia de moléculas de ARN en el medio primigenio del planeta, que en el curso de un largo tiempo, replicándose gracias a sus propiedades enzimáticas, darían paso al primer organismo vivo. Pero todas estas posibilidades atribuidas al ARN han sido hipotéticas, y habrían ocurrido en tiempos muy lejanos, y son muy contrastantes a la situación del ARN actual, que es más inestable y menos versátil que las proteínas enzimáticas (con menos grupos funcionales), su acción catalítica es reducida en cadenas relativamente largas del ácido (y rara en las cadenas largas), posee menos capacidad de almacenar información que el ADN, y no se replica. (Bernhardt, H. 2012) Ante estas dificultades, la investigación se dirigió a mostrar que la actividad enzimática del ARN y su capacidad de replicación se podían establecer en estudios de laboratorio. En estos trabajos se ha mostrado que con la macromolécula se pueden lograr propiedades y acoplamientos significativos, aunque todavía no se han conseguido replicaciones de adecuadas del ARN que prueben las hipótesis formuladas. Y, aunque se pudiera mostrar en laboratorios una replicación significativa del ARN (aún lejos de lograrse), queda en evidencia, que todas estas operaciones experimentales han sido realizadas por un investigador poseedor de inteligencia y conocimiento para establecer las condiciones adecuadas de los experimentos. Aún, si aceptáramos la posibilidad remota, que espontáneamente el ARN fuera capaz de buscar o generar energía para toda la actividad de replicación y realizarla exitosamente, sin la mano del ser humano, queda en suspenso la cuestión del origen del ARN y de la compleja información biológica necesaria para todo este proceso.

El origen del ARN también tropieza con otros obstáculos invencibles, como el ensamblaje de las piezas químicas de nucleótidos que lo constituyen, para lo que necesita enzimas cuyo origen es difícil de imaginar en las condiciones primarias del planeta. Pero, las investigaciones continúan para mostrar que esta macromolécula se podría ensamblar espontáneamente en las condiciones iniciales de la Tierra; pero naturalmente no hay nada concreto ni definitivo, solo posibilidades y esperanzas que algún día se puedan demostrar. (Luskin, C. 2015) Es importante notar, que con esta línea de investigaciones dirigidas fundamentalmente a solucionar el problema de las enzimas preexistentes, no se resuelve el problema del origen de la información depositada en la estructura secuencial específica del ARN; este problema es el mismo que para el ADN, que hemos señalado más arriba.

Las dificultades que enfrenta el evolucionismo químico para probar sus hipótesis son ingentes, sin mencionar el problema que plantearía la transición del mundo primitivo del ARN, al reino actual del ADN que comanda la genética de los seres vivos conocidos, con excepción de algunos virus (ARN). Lo que sí es claro, --como ya mencionado en apartados anteriores--, es que la aparición de una macromolécula funcional cargada de información como el ARN, no es concebible que ocurra por el solo azar y leyes naturales.

Tesis del Diseño Inteligente (TDI).

El problema de la aparición de la información biológica en el curso del desarrollo del universo permanece sin una respuesta adecuada desde la perspectiva naturalista que recurre a las leyes de la naturaleza (dependientes de las fuerzas elementales de la física), al azar, o a fenómenos de auto-organización generados básicamente por posibles leyes o principios naturales aun desconocidos. Sin embargo, es evidente que la configuración de las estructuras biológicas portadoras de información funcional tienen complejidad y especificidad teleológica; esto es, tienen una estructuración que permite una actividad bioquímica específica, están organizadas con un propósito o meta funcional; esta configuración nos permite decir que son diseñadas. La única fuente conocida capaz de generar estructuras con esta característica teleológica, es la mente o inteligencia humana, para la que le es posible: el propósito, fijar metas, ejercer discriminación y realizar elecciones. En nuestra experiencia diaria, la inteligencia es el único poder causal conocido con estas propiedades. Además, las estructuras genéticas están equipadas con un sistema de caracteres o 'letras', que encierran en su configuración, la información para una acción dirigida a una meta funcional biológica específica, al igual que nuestros lenguajes y la trasmisión de mensajes por medios electrónicos que, poseen sentido, sea simbólico o funcional operacional. De manera que, cuando en nuestro mundo encontramos estructuras complejas especificadas, diseñadas para el transporte de información materializada, inferimos –más bien sabemos--, que han sido creadas por la inteligencia humana. Del mismo modo procedemos con las estructuras biológicas complejas especificadas de los ácidos nucleótidos, e inferimos que su origen es el resultado de una acción inteligente. Esta conclusión no está basada simplemente en un argumento por analogía, sino que además, y primariamente, *se trata de fenómenos idénticos –biológicos y humanos--, a los que se les aplica la búsqueda del poder causal responsable de su origen, que es clara y definitivamente, una acción inteligente.* Una acción constatada en nuestra vida actual, tanto en laboratorios como en el diario vivir.

Por esta irrefutable observación, la TDI propone una acción inteligente en la génesis de la información biológica. Esta **inferencia a la mejor explicación disponible es propuesta como una hipótesis,** abierta a refutación, si se encontrara otra fuente capaz de generar información biológica ejemplificada con el ADN. No se trata de una propuesta dogmática, ni tampoco de una filosofía o de una religión encubierta, sino que de una hipótesis empírica, basada en la observación directa y actual de la capacidad de la inteligencia humana de utilizar caracteres diversos como símbolos para representar mensajes (simbólicos y funcionales).

La TDI completa con esta propuesta, el proceso característico de la información, --en este caso para la información biológica--, que como vimos anteriormente, consta de tres segmentos: un agente efector, un medio transmisor y un agente receptor. El medio transmisor lo constituyen primariamente las cuatro bases de nucleótidos, y las diversas estructuras biológicas que hacen posible el almacenaje y la conducción de la información biológica desde el ADN hasta el agente receptor que correspondería al ribosoma y sus encimas, en el citoplasma celular. El agente efector corresponde a una agencia inteligente que genera el mensaje funcional. La TDI no elabora acerca de la naturaleza y características de este agente inteligente, ni tampoco elucubra acerca de los posibles modos de generación (mecanismos) envueltos en la génesis de estas estructuras portadoras de información, solo se limita a puntualizar que el poder causal de una acción inteligente, es la mejor hipótesis explicativa del origen de esta información biológica.

Es claro que al enfrentar el origen de la información biológica, nos abocamos a un tema que linda con otras disciplinas del saber humano, especialmente la metafísica y la teología; pero la TDI permanece en el terreno de la ciencia. Algunas personas perciben incorrectamente la TDI como un acercamiento teológico a un asunto científico, cuando esta Tesis –siguiendo la metodología de las ciencias históricas--, solo propone que las estructuras biológicas especificadas portadoras de información, son mejor explicadas por la evidencia actual del poder causal de la inteligencia. Pero esta propuesta no es aceptada, fundamentalmente por razones ideológicas de carácter materialista, ya que desde el punto de vista científico, no hay evidencia que los procesos meramente físicos sean capaces de generar la información biológica suficiente para sustentar la existencia de la vida, pero sí hay evidencia clara que solo un agente inteligente puede generar estructuras complejas especificadas, teleológicas, y crear información. Argumentar, para rebatir la TDI, que la inteligencia es producto de la materia cerebral, es un argumento ideológico materialista, puesto que la materia cerebral es de carácter físico, y esta materia física, con sus fuerzas y leyes naturales conocidas, carecen de principios organizadores, por lo que es incapaz de explicar la formación de las estructuras bioquímicas teleológicas básicas para el sostenimiento primario de la vida biológica, incluyendo la inteligencia y, obviamente, la consciencia. La TDI no veta ni excluye los esfuerzos que se realicen para encontrar respuestas a este problema de la génesis de la información desde el punto de vista naturalista; por lo contrario, considera que todo esfuerzo por conocer es lícito, pero sus propuestas deben estar respaldadas por evidencias adecuadas, y no intentar presentar especulaciones como hechos científicos demostrados.

BIBLIOGRAFÍA:

1 Bernhardt, Harold (2012). The RNA world hypothesis: the worst theory of the early evolution of life (except for all the others). http://www.ncbi.nlm.nih.gov/pmc/articles/PMC34 95036/ (Accedido: Octubre, 2015)

2 Dembski, William A (1998), The Design Inference: Eliminating Chance Through Small Probabilities. Cambridge UP, 1998

3 Dolgin, Elie (2015). The Elaborate Structure of RNA. Nature. http://www.nature.com/polopoly_fs/1.18014!/m enu/main/topColumns/topLeftColumn/pdf/52339 8a.pdf (Accedido: Octubre, 2015)

4 Kauffman, S. The Origins of Order. Oxford: Oxford University Press, 1993.

5 Luskin Casey (June, 2015). As a Solution to the Origin of Life, RNA World Model Comes Under Attack. http://www.evolutionnews.org/2015/06/on_the_origin_ o_7097191.html (Accedido: Octubre, 2015)

6 Marshall Michael (2011) First life: The search for the first replicator. En New Scientist.
https://www.newscientist.com/article/mg211282 51-300-first-life-the-search-for-the-first-replicator/ (Accedido: Octubre, 2015)

7 Mastin, Luke (2009). Alexander Oparin 1894-1980. The Physics of the Universe.
http://www.physicsoftheuniverse.com/scientists_oparin.h tml (Accedido: Octubre, 2015)

8 Meyer, Stephen C. (2007). DNA and the Origin of Life: Information, Specification, and Explanation.
http://www.discovery.org/articleFiles/PDFs/DNAPerspecti ves.pdf (Accedido: Octubre, 2015)

9 Ruiz Rey, Fernando (2014). Ciencias Experimentales, Ciencias Históricas y Diseño Inteligente.
http://www.oiacdi.org/articulos/CIENCIAS%20HISTORICAS _O_DEL_ORIGEN.pdf (Accedido: Octubre, 2015)

Capítulo VI

MUTACIONES Y NUEVA INFORMACIÓN BIOLÓGICA

Mutaciones y creación de nueva información.

El neodarwinismo postula que las mutaciones aleatorias a nivel genético, son en última instancia la fuente responsable de la aparición de variaciones funcionales significativas en los organismos, que aumentarían su capacidad de adaptación al medio natural que les toca vivir: selección natural. Estos cambios son concebidos como un proceso lento que requiere millones de años para generar organismos vivos más complejos, adaptados a 'nichos' ambientales diferentes de los de sus predecesores; esto es, aparición de nuevas 'especies', y desarrollo del árbol de la vida. Esta propuesta naturalmente no puede ser sometida a observación ni experimentación directa, solo se puede inferir de situaciones actuales que apuntan a su posibilidad (registro de fósiles, homologías estructurales, etc.). Pero como esta hipótesis implica aparición de nueva información biológica en los organismos en evolución, que sería la responsable de las variaciones útiles cernidas por la selección natural, el punto clave en que reposa esta propuesta, es la generación de nueva información genética a consecuencia de mutaciones al azar.

Mutaciones.

Una mutación genética es un cambio en la secuencia de los nucleótidos del ADN que forman un gene de un organismo, de manera que esta secuencia es diferente a la que se encuentra en la mayoría de los miembros de su grupo. La extensión de una mutación puede ser escasa, afectando solo a un par de bases de nucleótidos, o amplia afectando a varios genes. Las mutaciones genéticas pueden ser ya establecidas, *hereditarias*, pasando de padres a hijos; o pueden ser nuevas, *adquiridas*. Las mutaciones adquiridas ocurren durante la vida del individuo, y pueden ser causadas por factores externos, como rayos ultravioletas del sol, radicales libres, subproductos del metabolismo; o producirse como errores en la duplicación –replicación--, del ADN; no son heredables excepto si ocurren en las células responsables de la reproducción (ej.: espermatozoide, óvulo). (Genetics Home Reference, 2015)

Las mutaciones adquiridas pueden ocurrir en cualquier momento de la vida de un organismo, desde las células parenterales –gametos--, que lo engendran (o célula madre en caso de organismos unicelulares), hasta su muerte natural. Son numerosas las mutaciones que pueden ocurrir en el proceso de replicación –duplicación--, del ADN, como: sustitución de una base por otra, o pérdida de una base, o adición de una base extra; también pueden ser más perturbadoras como, zafar las bases de las cadenas del ADN, o romperlas. Las mutaciones son muy frecuentemente, pero existen mecanismos naturales que las corrigen, y frecuentemente ocurren entre los genes del genoma, y son por tanto inactivas; cuando la maquinaria de reparación ya no puede reparar las alteraciones dañinas de una mutación, la sección trastocada del ADN cesa de dividirse, y puede reabsorberse o, degenerar en un cáncer. Sin embargo, la mayoría de las mutaciones suelen ser neutras en cuanto a cambios en el fenotipo o, responsables solo de *variaciones* externas benignas, pero naturalmente también pueden condicionar susceptibilidad a enfermedades de diversos tipos, y alterar "interruptores" genéticos que regulan y controlan procesos de formación de proteínas enzimáticas (por ejemplo, la enzima que inactiva la lactasa de la leche), aunque esto ocurre con mucho menos frecuencia. Sin embargo, como las mutaciones pueden alterar la secuencia de las bases del ADN en el genoma activo, producen alteraciones en la información que contiene; tal como ocurre con el lenguaje humano y en el lenguaje computacional, cuando se cambian las letras o signos, se altera el mensaje transportado. Los cambios en las secuencias suelen ser menores en la mayoría de las mutaciones, y así las funciones pueden conservarse, aunque sea con algunas pérdidas, o, incluso pueden tener algunas ventajas la recombinación de bases del ADN, pero este tipo de mutaciones es muy infrecuente.

Las variaciones en el fenotipo (color de ojos y pelo, color de piel, forma, altura y otros rasgos neutros o positivos), no solo pueden deberse a mutaciones, sino que también otros fenómenos que cambian la distribución de genes, como lo muestra la genética de las poblaciones. Los pequeños cambios ocurridos en la secuencia de bases en el ADN, constituyen los cromosomas *alelos* (diferentes), que se observan en todas las especies, son muy frecuentes, y aseguran la tipicidad genética de cada individuo. En la reproducción sexuada, estos alelos diferentes se combinan, y así aumentan las variaciones del fenotipo de los descendientes. (Learn. Genetics)

Microevolución y macroevolution.

Es importante tener claro que los conceptos de microevolución y macroevolución se vienen usando en la literatura especializada desde hace varios decenios, incluyendo a los partidarios del neodarwinismo. De modo que no se debe caer en el error –ni dejarse engañar--, de que son conceptos inventados recientemente para criticar el evolucionismo darwiniano, como lo sugieren algunos autores de esa corriente teórica. (Luskin, C. September 13, 2007)

Se entiende por *microevolución* los cambios observados en breve tiempo en los miembros de una especie, debidos a alteraciones en la secuencia de las bases del ADN; la microevolución es una *variación*, y no requiere la aparición de nuevos genes, solo alteraciones en los genes existentes, o pérdida de información en estos genes; en la microevolución no se produce un aumento significativo de información biológica. Conocidos ejemplos de microevolución son los cambios en el pico del famoso pinzón de los Galápagos en relación con cambios ambientales, el desarrollo de resistencia a antibióticos de bacterias, la aparición de nuevas cepas de virus de la influenza, etc., etc. (Durston, K. July, 2915)

Las alteraciones en la secuencia de las bases de nucleótidos de las variaciones (microevolución) se pueden deber a muchos factores: ya hemos mencionado las mutaciones y alteraciones genéticas en el proceso de replicación del ADN, como son, la inserción y supresión de bases; pero también estas variaciones se pueden deber a otros procesos de distribución genética, como la deriva genética (unos progenitores dejan más descendientes que otros, y cambia la constitución genética de la población), y también el traspaso horizontal de genes observadas entre especies de bacterias vecinas. La selección natural actúa sobre las variaciones, eliminando las no adaptativas y preservando las que favorecen la sobrevivencia como se ve claramente en el caso de las bacterias que – 'evolucionan'--, desarrollando resistencia a los antibióticos.

En la microevolución la información que se logra con los cambios de secuencias de bases es menor, no es estadísticamente significativa; no se producen cambios en el número genes, la especie continúa como tal. Como sabemos la Teoría de la evolución neodarwiniana (TED), siguiendo las ideas de Darwin, sostiene que la microevolución es un camino que en un tiempo largo (millones de años) lleva a la aparición de nuevas especies muy distintas a sus antiguos antepasados. Esta propuesta darwiniana no es corroborada por la experiencia, nunca se ha visto que un proceso de microevolución alcance un cambio de especie; por el contrario, en muchos casos de procesos microevolutivos se observa que al cambiar las condiciones, los organismos vuelven a su estado inicial, como ocurre con los pinzones que engruesan el pico en tiempos de sequía, pero retornan al original cuando vuelven las lluvias; además las variaciones logradas en la microevolución tienen un rango de variación limitado, que no se puede traspasar. (Bethell, T. April, 2012). Tampoco el registro de fósiles muestra una progresión suave y convincente de una especie en otra, al contrario está lleno de quebraduras. Las especies más cercanas en la secuencia evolutiva, se describen como "primas", o simplemente como "muy relacionadas", pero no suficientemente para cerrar las hendiduras que las separan. Para los paleontólogos resulta fácil probar como falsa una afirmación de descendencia directa de especies, aunque –dada las presiones de la comunidad neodarwinista, y la creencia de que sus propuestas son verdaderas--, suelen evitar este tema.

Richard Lenski en su laboratorio de la Universidad Estatal de Michigan, en 1988 inició un interesante y ambicioso proyecto con el cultivo continuado de *Eschericia coli* que presentan un crecimiento de 6 a 7 generaciones por día. Este estudio ha continuado bajo cuidadoso manejo y supervisión de su equipo de investigación, logrando más de 60 mil generaciones de estas bacterias. Este número de generaciones equivaldría a un linaje de un millón de años en animales mayores, como podría ser, el ser humano. Behe, M. (November 21, 2013) comentando los resultados publicados de esta investigación, señala que ciertamente aparecen algunas mutaciones en el curso de la vida de estas bacterias, pero la mayoría de las mutaciones –aún las con variaciones ventajosas--, son debidas a rupturas, a degradación y a pequeñas modificaciones de genes preexistentes; no se observan mutaciones o series de mutaciones encaminadas a la generación de nueva "maquinaria" bioquímica para un cambio significativo de tipo de bacteria. Behe comenta también, que el aumento de la tasa de crecimiento de las bacteria, informado por Lenski, es debido a dos mutaciones con 'pérdida de funciones', lo que hace cuestionable (desde el punto de vista evolutivo) el optimismo del investigador que proyecta un continuo aumento indefinido de ventajas para estos microorganismos ("...y esencialmente sin límite, aún en ambiente constante." (Fox, J & Lenski R., 2015)), aunque en tasa menor. Según Behe, las ventajas de los microorganismos de este estudio, con mutaciones que producen pérdida de función, son menores en las cualidades de adaptabilidad que la de sus progenitores. Behe ha revisado en otros artículos especializados, los mecanismos moleculares envueltos en los cambios adaptativos en microorganismos documentados en la literatura, y ha encontrado que estas mutaciones ventajosas, son en la mayoría de los casos, con pérdida de función; esto es fácil de comprender, puesto que el impacto que causa la mutación, es más destructor que constructor, es más fácil destruir y desordenar, que construir y ordenar; lo interesante, y que se debe enfatizar, es que siendo estos sistemas genéticos tan ricos y complejos, las pérdidas y desorden que causan las mutaciones, pueden generar ocasionalmente algunas variaciones ventajosas, y ser cernidas por la selección natural (hay numerosos ejemplos en la literatura de este tipo de fenómenos). Pero Behe comenta que las consecuencias de estos hallazgos (pérdidas y desorden de los sistemas genéticos) es negativa para la genética de las poblaciones; si la pérdida de funciones son tan frecuentes en las mutaciones, es muy fácil que estos rasgos (defectos) se fijen en la población general de bacterias con consecuencias evolutivas negativas a largo plazo; por el contrario, las mutaciones con ganancia de funciones son mucho menos frecuentes, por lo que es menos probable que se fijen en la población. (Luskin, C., August 24, 2013. Luskin, C., August 26, 2013. Behe, M., 2013. Behe, M. April 18, 2011. Behe M., July 18, 2014. Klinghoffer, D., December 13, 2010). Por su parte, Luskin C. (September 9, 2013) analiza el trabajo --"Observed Instances of Speciation" FAQ.--, realizado por evolucionistas neodarwinianos, intentando demostrar el cambio de especie durante la evolución, y muestra que en los ejemplos presentados (diversos organismos), no hay evidencia de cambios morfológicos, ni aislamiento reproductivo estricto, sino que solo de variaciones dentro de la especie.

L. Moran (2013), un ferviente creyente en la evolución neodarwiniana, sostiene agresivamente, y con tono ofensivo, que la Eschericia coli después de 30 mil generaciones, en los estudios de la Universidad de Michigan, evolucionó una nueva función: la capacidad de extraer carbono del medio del laboratorio rico en citrato, lo que le permitió multiplicarse más rápidamente, y constituir una nueva cepa; pero hay que puntualizar, de la misma especie: Eschericia coli. Behe (2010) señaló que estos microorganismos son de partida capaces de usar el citrato como fuente de carbono en ambientes anaeróbicos. Pero Moran insiste en que se creó nueva información, que se generó un nuevo gen por fusión de dos genes: rmk y citG, que se agregó al genoma de la Eschericia coli; y naturalmente este biólogo, no acepta el hecho de que, en realidad no se ha generado nueva información significativa, sino simplemente una reutilización de recursos; no hay aparición de nuevas moléculas o enzimas, ni cambios que anuncien una nueva especie.

De manera que los estudios realizados de seguimiento evolutivo de microorganismos muestran mutaciones de variados tipos, algunos con ventajas adaptativas dentro de la misma especie, y la mayoría con pérdida de función. Pero ninguno indica generación de organismos distintos. Lo que queda claro es que la generación de nueva inteligencia biológica para el cambio de especie no se ha demostrado con estos interesantes estudios. En otras palabras, estas investigaciones no confirman el paso de la microevolución a la macroevolución; y si eventualmente se mostrara en este tipo de estudios que se generan en los microorganismos, máquinas bioquímicas nuevas –nueva información--, que hiciera patente la emergencia de nuevas especies, esto no confirmaría los mecanismos evolutivos propuestos por el neodarwinismo. Las estructuras teleológicas complejas para la formación de estas 'máquinas bioquímicas', requiere inteligencia directiva, el azar y las leyes naturales conocidas, no poseen esa capacidad, ni es disponible el tiempo real que permita a un azar especulativo y abstracto, operar con todo tipo de resultados imaginados.

Macroevolución es un término que indica evolución – cambio--, de una especie a otra en largos periodos de tiempo, con lo que de acuerdo a la TED, se habría construido el 'árbol de la vida'; los organismos emergiendo unos de otros. El *concepto de especie* resulta muy importante para comprender debidamente el problema que plantea la macroevolución, pero es difícil de definir. Las características morfológicas y funcionales que distinguen a un grupo de organismos, tiene variaciones importantes, y sus fronteras con otros seres no son nítidas. Por esta razón, se ha preferido utilizar la reproducción para precisar la definición: las especies se reproducen solo dentro de la misma especie; pero tampoco este criterio resulta preciso y fácil de aplicar a todos los seres vivos, incluso se puede tener "aislamiento reproductivo", sin que ocurran cambios morfológicos, conductuales y aún genéticos significativos. En nuestra época, con los avances en microbiología, se considera que una especie se puede caracterizar con más certeza, por la peculiaridad de sus genes y proteínas; los genes son únicos, no se comparten con otras especies, esto es válido hasta para las bacterias. (Kozulić, B. 2011) Esta propuesta tiene peso, pero lo cierto es que una especie tiene gran cantidad de genes y de proteínas peculiares, lo que complica, no solo su identificación precisa (y practicidad), sino que torna el problema de la demostración de la macroevolución para los proponentes de la TED, en una tarea de mayúscula dificultad.

Una hipótesis evolucionista que intenta explicar la aparición de inteligencia biológica en las especies en evolución, propone que *genes nuevos* (conocidos como *genes huérfanos, sin padres, aparecidos en una especie nueva*) se desarrollarían a partir de trozos de ADN basura (sin aparente transporte genético) que por mutaciones y evolución terminarían como genes particulares de otra especie. Las investigaciones continúan en esta línea, pero hasta el momento no hay confirmación de esta hipótesis, permanece como mera especulación. Esta posibilidad es tremendamente remota, considerando que este proceso se realiza sin el chequeo de la selección natural, pues ocurre en la zona neutra del genoma; la generación de información biológica para un nuevo gen ocurriría literalmente, a la suerte de un golpe de azar, lo que resulta, simplemente, inconcebible. (Luskin, C. September 28, 2007) La formación de uno o varios genes, implica generación de considerable información nueva, y esto, como ya hemos visto anteriormente, permanece como una mera esperanza naturalista.

A las dificultades genéticas que se encuentran para justificar la macroevolución, Torley (Tortey VJ. March 6, 2014) agrega, que una explicación adecuada de la macroevolución, debe incluir los factores que detienen o interrumpen los procesos evolutivos de ecosistemas – macroevolución--, que es lo que se observa con más frecuencia en paleontología, y con circunstancias ambientales diferentes; pero la TED no cuenta con una respuesta satisfactoria para estos fenómenos. Torley también señala, que los cálculos probabilísticos que se presenten para justificar la macroevolución, deben adjuntar el tiempo real disponible para la realización de las posibilidades evolutivas propuestas; este es un cálculo que no se menciona. Pero, como los autores inclinados al evolucionismo se dan cuenta que la edad geológica de la Tierra no ofrece el tiempo necesario para el acoplamiento fortuito que proponen para el origen de las estructuras complejas especificadas necesaria para la macroevolución, recurren a la asistencia de la selección natural (SN) que suponen aceleraría el proceso evolutivo.

El argumento evolucionista de Wilf HS y Ewens WJ. (2010) para solventar el problema del tiempo geológico, utiliza un modelo matemático que reúne varias mutaciones 'ventajosas' que ocurren independiente y simultáneamente, con lo que se acortaría el tiempo necesario para alcanzar el cambio de especie, ya que las mutaciones ocurren paralelamente en vez de secuencialmente. Ewert, W. y cols. (2012) –mencionado por Tortey VJ--, señalan que las mutaciones que ocurren paralelamente no poseerían todavía ventajas adaptativas que pudieran ser cernidas por la selección natural, de modo el modelo, simplemente no corresponde a una situación biológica real. Ewert, W. y cols. también muestran que en este modelo, no se considera la acumulación de mutaciones con efectos deletéreos, y se asumen algunas variables distorsionadas como una población de tamaño no realista (mayor), al igual que una tasa base de mutaciones (muy alta), con lo que se aumenta el conjunto de mutaciones beneficiosas posibles de ser seleccionadas en el modelo; estos autores comentan además otros supuestos biológicos que malean el modelo evolucionista propuesto Wilf y col. En suma, este modelo matemático, como pasa con los modelos computacionales evolucionistas, funcionan en la mente de sus creadores que suplen la 'información' necesaria para su operación, pero que en el mundo real, simplemente son inservibles. La representación matemática de la microevolución se ha realizado sin problemas, no así para la macroevolución que presenta un verdadero desafío para los evolucionistas, particularmente cuando se atienden a los detalles bioquímicos.

Con los requerimientos mencionados por Torley VJ (March 6, 2014) para un entendimiento cabal de la macroevolución, la demostración de la aparición de una nueva especie en forma evolutiva, con toda su carga genética única, constituiría un verdadero milagro del azar fortuito y de las simples leyes naturales, carentes de ningún principio organizador conocido.

Extrapolación de micro a la macroevolución.

Los autores partidarios acérrimos del evolucionismo y de la macroevolución se muestran convencidos de que la microevolución no es más que la macroevolución en tiempo lento, pero que es perfectamente lícito y sensato extrapolar lo que se ve en la actualidad, a lo que sucedió hace millones de años atrás. Para estos intelectuales, el registro de fósiles es un testimonio de que la macro evolución es un hecho dado, lo que es simplemente falso; la fragmentación de la línea de fósiles es un hecho reconocido. Lo que sí, realmente es una evidencia constatada, es que nunca se ha visto un proceso de macroevolución, y esto es muy entendible puesto que este proceso de macroevolución lleva en su constitución, la lentitud procesal. En otras palabras, la tesis de que la macroevolución es una microevolución en tiempo prolongado, es un planteamiento imposible de ser sometido, ni a observación, ni a experimentación; cae fuera del área de las ciencias experimentales y, es en rigor, una propuesta propia de las ciencias históricas.

Como hemos visto anteriormente, las ciencias históricas investigan en el presente, situaciones similares a las históricas que se tratan de explicar, y en base a estos estudios se infiere que esos hechos históricos, pueden ser entendidos con la elaboración de una *hipótesis adecuada*, esto es, fundamentada en hechos presentes comprobados. De este modo, la macroevolución se puede considerar como una hipótesis para explicar el origen de las diversas especies que se observan en el mundo de la vida biológica. Se intenta dar fundamento a esta hipótesis, en la observación probada de la microevolución, y se extrapola este fenómeno al pasado, suponiendo que es capaz de generar cambio de especies. Pero esta es una suposición que no se desprende del estudio de la microevolución, puesto que la microevolución se refiere a cambios dentro de una misma especie, por tanto la microevolución no es una *hipótesis adecuada* para proponerla como explicación del paso de una especie a otra. Sin embargo, autores como Jerry Coyne (2001), se sienten muy cómodos con el uso de la extrapolación de la micro a la macroevolución, pero la extrapolación en este caso no tiene fundamento (es solo una suposición), y más aún, no viene al caso usar un criterio tan débil como la extrapolación, cuando tenemos a disposición las bases genéticas que explican la microevolución, y nos muestra las dificultades inmensas (genético-bioquímicas) que significaría el transmutación de especies con los mecanismos propuestos por el evolucionismo.

No todos los autores con simpatías por el evolucionismo apoyan la continuidad entre micro y macroevolución. ni la simple extrapolación entre ambos procesos; reconocen muchas dificultades, entre otras, los mecanismos de la microevolución no serían suficientes para explicar la diversificación y complejidad de las especies emergentes, que requeriría numerosísimos pasos con ventajas evolutivas en cada uno, para pasar la barrera de la selección natural; las cadenas de mutaciones múltiples tienen numerosos eslabones sin ventajas adaptativas. Luskin C. (October 31, 2014) señala que la Tesis del DI no tiene problema con las mutaciones individuales que aportan alguna ventaja evolutiva, el problema surge con la complejidad especificada (información materializada), necesaria para la macroevolución que requeriría numerosas mutaciones, todas con alguna ventaja; algo muy especulativo y muy improbable. La especulación de mutaciones simultáneas con ventajas adaptativas, son también extremadamente improbables, de acuerdo a los cálculos de probabilidades realizados; dos mutaciones simultáneas ventajosas requerirían más de 100 millones de años, y como la complejidad biológica requeriría numerosas mutaciones, esta vía explicativa –especulativa-- , cae fuera de las posibilidades de ocurrir por mero azar en el tiempo real.

Tampoco es explicable, la aparición rápida de organismos con estructuras y configuraciones corporales nuevas, lo que es claramente ejemplificado en la explosión Cámbrica, ocurrida hace aproximadamente 530 millones de años. En ese período, en un tiempo relativamente corto (5 a 6 millones de años), aparecen organismos nuevos con variados diseños corporales nuevos, sin predecesores evolutivos; de ahí la expresión: 'explosión Cámbrica'. Y no se trata solo de una explosión de formas nuevas, sino que primariamente   de una explosión de información que posibilita la construcción de esas formas (Torley VJ, 2013. Meyer. SC., 2013, Klinghoffer, D. (Ed.), 2015)

La complejidad biológica que envuelve la aparición de nuevas especies, se ha hecho evidente en los estudios modernos de microbiología, una complejidad estructural-funcional que apunta claramente a la necesidad de información para su gestación. La emergencia de información que explique los cambios evolutivos, se ha convertido en un desafío insoluble para las explicaciones mecanicistas del evolucionismo neodarwiniano. (Torley, J., March 6, 2014. Klinghoffer, D., 2015)

Genes Hox (genes homeóticos). Los genes Hox fueron descubiertos en la segunda mitad del siglo XX en trabajos realizados en moscas Drosóphilas Melanogaster. Este conjunto de genes juegan in importante papel en el desarrollo embrionario, especificando estructuras corporales a lo largo del eje antero-posterior en los Metazoos (organismos pluricelulares complejos heterótrofos), con configuración corporal simétrica bilateral, con un aspecto frontal-distal, un aspecto superior y uno inferior, y dos aspectos laterales simétricos. Estos genes entran en acción después de que los ejes del cuerpo del organismo (las Drosófilas, por ejemplo) están ya establecidos, de modo que no determinan su plan corporal, pero regulan numerosos genes que poseen información para generar proteínas que construyen las estructuras corporales; los genes Hox regulan los genes envueltos en la construcción de los segmentos corporales, produciendo proteínas que operan como interruptores. Los genes Hox no generan los componentes del plan corporal, pero, si estos genes se dañan durante el proceso embrionario, como se hizo en un experimento con ratas, los animales se desarrollan con serias deficiencias estructurales, alteraciones de huesos, falta de costillas, etc. (Wellik DM y col. 2003) Con respecto a la información biológica, se puede afirmar que los genes homeóticos no generan nueva información, ésta está presente en todos los genes participantes en el proceso constructor del plano corpóreo del organismo, los genes Hox solo proveen proteínas que funcionan como interruptores reguladores para esos genes. (Evolution News and Views. September, 2013. Meyer, SC., 2013; Chapter 16)

Por la importancia embrionaria, los genes Hox se convirtieron en el centro de atención y estudio de los investigadores, particularmente de los interesados en la biología evolutiva tipo neodarwiniana. Puesto que estos genes se consideraron en una posición privilegiada para especificar la aparición de distintos planos corporales en la evolución de los diversos phyla (grupo taxonómico ubicado entre reino y clase); esto es, tienen la característica de estar ubicados en el genoma en un conjunto que se expresa, según Meyer, Axel (1998), de una manera espacial co-lineal: los genes anteriores se expresan primero y en las partes frontales del organismo, los posteriores son de expresión más tardía y afectan los segmentos distales del embrión.

La esperanza de que las mutaciones en estos genes Hox resultaran en cambios corporales estructurales significativos, para explicar la macroevolución, no ha sido confirmada; por el contrario, las experiencias de laboratorio han mostrado que las mutaciones en estos genes, solo crea monstruosidades; así en las Drosófilas, las antenas, las alas, y otros segmentos corporales, aparecen distorsionados en lugares totalmente inadecuados; similares resultados se han obtenido en investigaciones con sapos, nematodes, ratones y otros animales. Las mutaciones no han generado ningún avance evolutivo, solo destrucciones. Pero aún, si las mutaciones en los genes envueltos en el plano corporal --tempranas en la embriogénesis (habitualmente destructoras y letales); si tardías, su efecto sería limitado--, fueran capaces de generar proteínas y algún gen, se presenta el problema de cómo se organizan estas proteínas para formar diversas células, y estas células   formar los variados tejidos y órganos de los segmentos corporales del nuevo organismo mutado. La información biológica necesaria para esta compleja, fina y ampliamente coordinada tarea, depende de la actividad de numerosos genes y de las señales epigenéticas de los segmentos corporales, que por la mutación de algunos genes regulatorios, estaría alterada, distorsionada, o paralizando el desarrollo embrionario. Esta red de interconexiones genéticas que comandan la construcción del plano corporal se conoce como, 'red regulatoria de genes del desarrollo'; para poder cambiarla se necesitarían múltiples mutaciones coordinadas; mutaciones aisladas solo la destruyen. De manera que explicar la aparición de nuevos planes de estructura corporal por efecto de mutaciones es una propuesta inconcebible fuera de un mundo abstracto en el que todo es posible para el azar. (Meyer, SC, 2013. Chapter: 13)

Información epigenética o contextual.

El descubrimiento de que no solo los genes tienen influencia en el desarrollo embrionario, ha abierto el campo de la información epigenética; como su nombre lo indica esta información no se origina en los genes, en las secuencias de las bases del ADN, sino que en la estructura misma del organismo. Ya no se trata entonces de información codificada, de información funcional materializada y transmitida en códigos a los efectores del mensaje.

Meyer, SC (2013. Chapter: 14) explica que para entender la información proveniente de la estructura corporal, es conveniente recordar que los biólogos entienden por forma corporal, la configuración y el arreglo de las partes componentes del cuerpo orgánico. De modo que la forma en biología, depende de la disposición de sus partes, del arreglo de sus componentes. Esta concepción de arreglo de partes, conecta la biología con la informática --

específicamente con la informática de Shannon --, que depende también de arreglo de signos o caracteres (en número finito). Como vimos en un capítulo anterior, la teoría de Shannon se refiere al estudio de las posibilidades de trasmisión de información de un medio, y su capacidad de información depende de la incertidumbre que se elimina una vez realizada la posibilidad: a mayor incertidumbre eliminada, mayor información lograda. Meyer explica la conexión que hacen muchos biólogos entre las formas biológicas y la informática de Shannon, como resultado de considerar el *arreglo específico* de los componentes, de los bloques de construcción: células, tejidos, órganos, red de regulaciones, etc. (pero finito) de una forma biológica actual, como un mensaje realizado, en el que se han eliminado otros posibles arreglos de las partes –bloques de construcción—, envueltos en la forma biológica considerada. En otras palabras, los bloques de construcción de esa forma biológica y sus posibles combinaciones, constituyen el medio de trasmisión, y la capacidad de transporte de información de esos bloques aun no ensamblados, representan la incertidumbre de cómo se podrían ensamblar. De manera que la forma biológica actual habría disipado una cantidad de incertidumbre al organizarse de la manera que tiene; esto es, se han eliminado otras posibilidades de combinación de los bloques. Esto significa que las estructuras de las formas biológicas --a todo nivel del organismo--, pueden mostrar distintos niveles de configuraciones ricas en información. Según este autor, los estudios del desarrollo biológico han confirmado este depósito de información biológica depositada en estructuras corporales de un organismo. Pero esta visión de información asume una inteligencia creadora que hace posible este proceso informativo, y esto nos lleva al campo metafísico, que revisaremos en otro apartado de este trabajo. En lo que se refiere al depósito de información encontrado en las estructuras orgánicas, se alude con ello, al constatar acción inteligente en la organización y funcionamiento de estas estructuras, y a la ganancia de conocimiento con su observación y estudio, más que a una genuina información como la venimos presentando en este trabajo: mensajes significativos simbólicos o funcionales.

De modo que la información epigenética proveniente de la forma y estructura espacial de las células embrionarias que juega un papel importante en el desarrollo del embrión para la emergencia de tejidos y órganos, especialmente en la organización de las proteínas formadas bajo la codificación del ADN. Las células eucarióticas, por ejemplo, poseen un citoesqueleto formado, entre otros componentes, por microtúbulos que a su vez están compuestos por proteínas llamadas tubulinas, generadas por acción genética. Las tubulinas son todas iguales pero se disponen de distinta manera para formar los microtúbulos característicos de diferentes embriones y de su desarrollo. Esta estructuración de los microtúbulos del citoesqueleto es importante para su función de transporte dirigido de las proteínas formadas vía ADN ARN, para la construcción del organismo. La estructuración de los microtúbulos no es producto de las propiedades de las tubulinas mismas, ni tampoco consecuencia de una acción genética. De modo que la estructuración de los microtúbulos se considera una disposición estructural de carácter directivo –informativo-- , y con dirección –información--, epigenética muy clara. (Meyer, SC., 2013. Chapter: 14; Form and Information.) Meyer menciona otras estructuras biológicas con significativa 'información –acción—epigenética', como algunos aspectos de la membrana celular: áreas que generan campos electromagnéticos, disposición de los canales de iones y, arreglos de moléculas de azúcar en el exterior de la membrana, con secuencias específicas. También es importante agregar funciones en las secciones que no codifican proteínas en el ARN, como, regulación de los genes, organización de la cromatina que regula la expresión de genes, y otras acciones importantes en la diferenciación de células y de tejidos. De modo similar, las secciones no codificadoras de proteínas del ADN han ido mostrando diversas funciones que implican transporte de información materializada. (Wells, J., 2013)

La información epigenética tiene un rol importante en la configuración corporal de los organismos, sin esta información, la acción genética proveniente del ADN es incapaz de construir el organismo; hay que tener presente que células con el mismo ADN terminan con estructuras y funcionamiento diferente, por acción de la información epigenética. Pero los factores epigenéticos no solo complementan la acción genética a nivel periférico, sino que también juegan un papel importante en la regulación de la actividad de los genes, los activan o desactivan mediante de un proceso de metilación del ADN; también pueden modificar el ARN y las histonas (pequeñas proteínas que se pueden adosar al ADN formando cromatina), modulando la expresión genética.

En los últimos años se ha producido un enorme *avance en los conocimientos del sistema epigenético, su importancia complementando y regulando la acción genética, su relación con el ambiente y muy particularmente en su participación en la patogenia diversas enfermedades*, particularmente el cáncer. Pero naturalmente –como en toda la microbiología--, el campo de la información epigenética presenta enormes incógnitas que tendrán que ser resueltas poco a poco en investigaciones futuras. En este sentido es interesante mencionar que hay evidencias que indican la posibilidad de que ocurran cambios en las estructuras epigenéticas como consecuencias del estrés ambiental, cambios que serían duraderos y pasar de una generación a otra, y de ser susceptibles a la acción de la selección natural; en cierto modo un renacimiento de las ideas de Lamarck. (Evolution News and Views. September 13, 2013)

La información epigenética representa un duro golpe para las bases teóricas del neodarwinismo que se centran en las mutaciones genéticas. Sin considerar la información epigenética, aún en el inverosímil caso de que las mutaciones genéticas generaran nueva información –genes--, estos cambios serían insuficientes para el desarrollo adecuado del plano corporal de un organismo.

Pero algunos biólogos evolucionistas neodarwinianos piensan que estas estructuras con información epigenética, derivan sus propiedades de las proteínas (de origen genético) con las que están adheridas o, de proteínas vecinas. Esta posibilidad no se ha podido confirmar, y existen numerosos argumentos que la tornan muy improbable; pero, si aún se lograra comprobar, todavía la acción de las proteínas no explicaría la ubicación precisa y necesaria de estas estructuras necesarias para su acción informativa. Por lo demás, existen las configuraciones de azucares en la superficie externa de la membrana celular, poseedoras de información epigenética, y relacionada a secuencias de los componentes; nada de esto con conexión a acción genética vía proteínas. (Meyer, SC., 2013. Chapter: 14; Gene-centric Responses.)

Es oportuno comentar que la aplicación de la informática de Shannon en biología, del modo que se ha expuesto, genera varios interrogantes, particularmente porque tiene una fuerte vertiente de carácter metafísico que se presta a distintas interpretaciones; en un próximo apartado examinaremos este tema. En todo caso, se habla de información epigenética, aludiendo, como ya comentado, a 'conocimiento adquirido', producto del estudio de estas estructuras epigenéticas, conocimiento que se toma como información, cuando se trata de estructuras que muestran una organización estructural y funcional inteligente, pero no de información propiamente tal. También se habla de información epigenética para referirse a acciones de estas estructuras –organizadas y con propósitos específicos--, que tampoco pueden en rigor, considerarse como información. Y todavía se puede decir que se habla de información para referirse a órdenes funcionales regulatorias a distancia, emanadas de estas configuraciones epigenéticas, muy afines, a lo que hemos caracterizado como 'información materializada' de mensajes operativos. A pesar de estas imprecisiones, lo que es sin duda claro, es que todas estas acciones biológicas llevan el sello de una acción inteligente:

propósito y meta funcional, pero como ya se ha tratado anteriormente, la inteligencia no es información, ni todo lo que produce o genera la inteligencia es información. Esta situación un tanto turbia, señala también, la genuina dificultad de definir el término información, pero al mismo tiempo muestra la necesidad de atenerse a una definición nuclear para evitar equívocos en la descripción de los distintos fenómenos mencionados. De manera que, información epigenética es una expresión que incluye diversas acepciones del vocablo información. Esta imprecisión revela el estado insuficiente del conocimiento en esta materia de la microbiología, y apunta a la necesidad de una conceptualización más abarcadora y global de las acciones biológicas epigenéticas con el desarrollo de un sentido más claro e inequívoco, del significado de información en este contexto biológico.

BIBLIOGRAFÍA:

1 Behe, M. (2010) Experimental evolution, loss-of-function mutations, and "the first rule of adaptive evolution." Quart. Rev. Biol. 85:419-445.
http://www.lehigh.edu/~inbios/pdf/Behe/QRB_paper.pdf
(Accedido: Septiembre, 2015)

2 Behe, Michael (April 18, 2011). Richard Lenski, "Evolvabilidad," and Tortuos Darwinian Pathways. En: Evolution News and Views:
http://www.evolutionnews.org/2011/04/richard_lenski_e volvability_an045921.html (Accedido: Septiembre, 2015)

3 Behe, Michael J. (2013). Getting There First: An Evolutionary Rate Advantage for Adaptive Loss-of-Function Mutations. En: Biological Information — New Perspectives. World Scientific.
http://www.worldscientific.com/doi/pdf/10.1142/97898 14508728_0020

4 Behe, Michael (November 21, 2013). Lenski's Long-Term Evolution Experiment: 25 Years and Counting. En: Evolution News and Views:
http://www.evolutionnews.org/2013/11/richard_lenskis0 79401.html (Accedido: Septiembre, 2015)

5 Behe, Michael (July 18, 2014).Thje Edge of Evolution. Why Darwin's Mechanism is Self-Limiting. En: Evolution News and Views:
http://www.evolutionnews.org/2014/07/the_edge_of_e vo087971.html (Accedido: Septiembre, 2015)

6 Bethell, Tom (April, 2012). Natural Limits to Variation, or Reversion to the Mean: Is Just Extrapolation by Another Name? En: Evolution News and Views
http://www.evolutionnews.org/2012/04/natural_limits05 8791.html (Accedido: Septiembre, 2015)

7 Coyne, Jerry A. (Aug 19,2001). *Nature* 412:587. Citado por Torley VJ.:
http://www.uncommondescent.com/intelligent-design/macroevolution-microevolution-and-chemistry-the-devil-is-in-the-details/ (Accedido: Septiembre, 2015)

8 Genetics Home Reference. U.S. National Library of Medicine. What is a gene mutation and how mutations occur?
http://ghr.nlm.nih.gov/handbook/mutationsanddisorders/ genemutation (Accedido: Septiembre, 2015)

9 Durston, Kirk (July, 2015). Microevolution versus Macroevolution: Two Mistakes. En: Evolution News and Views.
http://www.evolutionnews.org/2015/07/microevolution0 97801.html (Accedido: Septiembre, 2015)

10 Evolution News and Views. September 6, 2013. Hox Genes to the Rescue?
http://www.evolutionnews.org/2013/09/hox_genes_to_ th076231.html (Accedido: Septiembre, 2015)

11 Evolution News and Views. September 13, 2013. Epigenetics May Become "Evolution Heresy. http://www.evolutionnews.org/2013/09/epigenetics_ma y076551.html (Accedido: Septiembre, 2015)

12 Ewert, Winston; Dembski, William A; Gauger, Ann K; Marks II, Robert J. (2012). Time and Information in Evolution. En: Bio-complexity. http://bio-complexity.org/ojs/index.php/main/article/view/BIO-C.2012.4/BIO-C.2012.4 (Accedido: Septiembre, 2015)

13 Fox, Jeremy WW & Lenski, Richard (June 23, 2015). From Here to Eternity --- The theory and Practice of a Really Long Experiment. http://journals.plos.org/plosbiology/article?id=10.1371/j ournal.pbio.1002185 (Accedido: Septiembre, 2015)

14 Klinghoffer, David December 13, 2010. Michael Behe's Challenge: A Conversation with Biologist Ann Gauger. En: Evolution News and Views http://www.evolutionnews.org/2010/12/behes_challeng e_a_conversation041471.html   (Accedido: Septiembre, 2015)

15 Klinghoffer, David (2015). Debating Darwin's Doubt. Discovery Institute Press. Seattle, 2015.

16 Kozulić, Branko (2011). Proteins and Genes, Singletons and Species. http://vixra.org/pdf/1105.0025v1.pdf (Accedido: Septiembre, 2015)

17 Learn. Genetics. What is mutation? En: Genetic Science Learning Center. University of Utah. Health Sciences. http://learn.genetics.utah.edu/content/variation/mutatio n/ (Accedido: Septiembre, 2015)

18 Luskin, Casey (August 24, 2013). In *Biological Information: New Perspectives.* Michael Behe finds Loss of Function Mutations Challenge the Darwinian Model. En: Evolution News and Views:
http://www.evolutionnews.org/2013/08/in_biological_i_ 1075591.html (Accedido: Septiembre, 2015)

19 Luskin, Casey (August 26, 2013). Douglas Axe and Ann Gauger Argue that Design Best Explains Biological Information. En: Evolution News and Views:
http://www.evolutionnews.org/2013/08/douglas_axe_an d075601.html (Accedido: Septiembre, 2015)

20 Luskin, Casey (September 9, 2013). Specious Speciation: The   Myth   of   Observed   Large-Scale Evolutionary   Change.   A   Response   to   TalkOrigins' "Observed Instances of Speciation" FAQ. En Research. Center for Science & Culture. A Program of Discovery Institute.
http://www.discovery.org/f/8411 (Accedido: Septiembre, 2015)

21 Luskin, Casey (September 13, 2007). Busting another Darwinist Myth: Have ID Proponents Invented Terms like "Microevolution" and Macroevolution"? En: Evolution News and Views:
http://www.evolutionnews.org/2007/09/busting_anothe r_darwinist_myth_2004215.html (Accedido: Septiembre, 2015)

22 Luskin, Casey (September 28, 2007). A Response to Dr. Dawkins "Information Challenge" (Part 2): Does Gene Duplication Increase Information Content (Updated). En : Evolution News and Views.
http://www.evolutionnews.org/2007/09/a_response_to _dr_dawkins_infor004265.html (Accedido: Septiembre, 2015)

23 Luskin, Casey (October 31, 2014). A Reader Asks: Can Microevolutionary Changes Add Up to Macroevolutionary Change? En: Evolution News and Views. http://www.evolutionnews.org/2014/10/a_reader_asks_ c090811.html (Accedido: Septiembre, 2015)

24 Meyer, Axel (January 15, 1998). Developmental biology: Hox gene variation and evolution. En: Nature 391. http://www.nature.com/nature/journal/v391/n6664/full/ 391225a0.html (Accedido: Septiembre, 2015)

25 Meyer, Stephen C. (2013). Darwin's Doubt. HarperCollins Publishers. New York, NY.

26 Moran, Laurance (2013). How do creationist interpret Lenski's long-term evolution experiment? En Sandwalk: http://sandwalk.blogspot.com/2013/12/how-do- creationists-interpret-lenskis.html (Accedido: Septiembre, 2015)

27 Torley, Vincent J. (February 27, 2013). Macroevolution, microevolution and chemistry: the devil is in the details. En: Uncommon Descent. http://www.uncommondescent.com/intelligent- design/macroevolution-microevolution-and-chemistry-the- devil-is-in-the-details/ (Accedido: Septiembre, 2015)

28 Torley, Vincent J. (March 6, 2014). A world-famous chemist tells the truth: there's *no* scientist alive today who understands macroevolution. En: Uncommon Descent. http://www.uncommondescent.com/intelligent-design/a- world-famous-chemist-tells-the-truth-theres-no-scientist- alive-today-who-understands-macroevolution (Accedido: Septiembre, 2015)

29 Torley, Vincent J. (March 19, 2014). Does Professor Larry Moran (or anyone else) understand macroevolution? En: Uncommon Descent. http://www.uncommondescent.com/intelligent- design/does-professor-larry-moran-or-anyone-else-

understand-macroevolution/   (Accedido: Septiembre, 2015)

30 Wellik DM, Capecchi MR (2003). Hox10 and Hox11 genes are required to globally pattern the mammalian skeleton. En: Science Jul 18;301(5631):363-7.
http://www.ncbi.nlm.nih.gov/pubmed/12869760
(Accedido: Septiembre, 2015)

31 Wells, Jonathan, (2013). Not Junk After All: Non-Protein-Coding NA Carries
Extensive Biological Information. En: Biological Information, News Perspective. World Scientific.
http://www.worldscientific.com/doi/pdf/10.1142/97898
14508728_0009 (Accedido: Septiembre, 2015)

32 Wilf HS, Ewens WJ (2010) There's plenty of time for evolution. P Natl Acad Sci 107:22454–22456

Capítulo VII

EL TEOREMA DE CONSERVACIÓN DE LA INFORMACIÓN

Teorema de la Conservación de la Información.

William Dembski (2014) trata sobre la Conservación de la información en su último libro *Being as Communion. A Metaphysics of Information* (Cap. 17-18), también lo hizo en un libro anterior: *No Free Lunch* (Dembski, W,. 2001), pero el concepto ya tiene varias décadas de existencia y fue tratado particularmente por el biólogo Peter Medawar y el especialista en computación Tom English, en la segunda mitad del siglo pasado, concluyendo en sus estudios matemáticos, que la información no aparece de la nada --sin antecedentes--, sino que es redistribuida de otras fuentes existentes.

Búsqueda de probabilidades.

William Dembski y su colaborador el ingeniero Robert Marks, estudiaron varios teoremas acerca de la Conservación de información (TCI), aplicado a la 'búsqueda' de probabilidades frente a una meta aspirada. "Búsqueda" se refiere a la exploración de posibilidades de solución –*espacio de búsqueda*--, frente a una situación incierta: búsqueda de una meta señalada. Si se conoce el dominio de estas posibilidades y los pasos a tomar entre de ellas, se puede llegar a identificar un subgrupo de posibilidades dirigidas a encontrar la "meta" u objetivo de la búsqueda, con mayor probabilidades de resolver la incertidumbre. De manera que el éxito o el fracaso de encontrar un objetivo en el proceso de 'búsqueda', está caracterizado por una *distribución de probabilidades en un fondo de posibilidades*. El éxito de encontrar un objetivo en el proceso de 'búsqueda', aumenta con el grado de probabilidad de encontrarlo: a mayor probabilidad de encontrarlo, naturalmente--, mayor éxito. La estructura matemática misma de la 'búsqueda' es considerada muy importante, porque ofrece una estimación de la probabilidad de la ocurrencia de la meta u objetivo; en este sentido, es más importante que el éxito mismo (lograr la meta-objetivo), puesto que este puede ocurrir por mero azar (Dembski, W. August 28, 2012) El uso de esta estrategia de 'búsqueda' solo tiene sentido cuando hay incertidumbre de la ocurrencia de un objetivo, porque si se sabe que esa meta ocurre invariablemente, como por ejemplo, por ley de la naturaleza, la 'búsqueda' es obviamente innecesaria.

El resultado de estos estudios matemáticos de Dembski y Marks, es lo que se conoce como **Teorema(s) de la Conservación de la Información (TCI)**; la aplicación de estos teoremas -- de acuerdo a sus autores --, no se limita a la 'búsqueda' de probabilidades de localizar un objeto predefinido, ya sea en la vida cotidiana, o a nivel de la teoría matemática y de las ciencias de la computación, sino que también en la naturaleza en su totalidad. El ejemplo más concreto de 'búsqueda' es, la 'búsqueda' realizada para localizar llaves perdidas; pero no siempre el objeto a localizar está tan claramente definido como las llaves o los anteojos extraviados; así, muchas veces ocurre, particularmente en las 'búsquedas' de objetos no concretos --y todavía no existentes, como búsqueda de soluciones a problemas--, que lo que se encuentra, aunque satisfactorio, no corresponde exactamente a la idea que se tenía del objetivo que se esperaba obtener.

'Búsqueda' en la Teoría de la Evolución Neodarwiniana, y en la naturaleza toda.

La aplicación más frecuente del proceso de 'búsqueda' en el área de la biología, es la teoría de la evolución neodarwiniana (TE). S. Kauffman (2000), por ejemplo, piensa que esta concepción de 'búsqueda' es concebible para la TE, en cuanto la naturaleza que propulsa la evolución, está envuelta en una 'búsqueda' a través del espacio biológico de configuración, buscando y encontrando un orden biológico siempre creciente en complejidad y diversidad [este es un ejemplo de una 'búsqueda' de un objetivo no existente]. (Dembski, W. August 28, 2012) Luskin C. (July 29, 2015) lo describe así: "...la evolución darwiniana es en su corazón un algoritmo de búsqueda. Usa un proceso de ensayo y error de mutaciones fortuitas y la selección natural no-guiada, para encontrar genotipos (secuencias del ADN) que llevan a fenotipos (como, biomoléculas y planes corporales) caracterizados por alta aptitud de adaptación (como, favorecer la sobrevida y la reproducción)".

De modo que el proceso evolutivo se podría describir como un 'algoritmo natural de búsqueda'. Pero esto constituye una mera analogía, puesto que un algoritmo de búsqueda es en rigor una construcción humana, creado con el propósito específico de buscar una meta o de llegar a un objetivo, y poder juzgar el resultado obtenido en programas computacionales (todo programado por la inteligencia humana); los algoritmos son básicamente conocimientos humanos materializados para operaciones específicas. Esto no es exactamente lo que ocurre con la hipótesis darwiniana, ya que el mecanismo que mueve la evolución --de acuerdo a esta teoría--, son las leyes naturales y el azar; no hay en este proceso ninguna voluntad de encontrar nada, ni de crear nada; todo ocurre mecánica y fortuitamente. Esto no significa que no se puedan utilizar programas computacionales para simular el proceso evolutivo, y mostrar sus posibilidades. Y en este sentido es importante tener presente que el Teorema de la conservación de información (TCI) se desarrolla principalmente en esta atmósfera de evaluación de la evolución en programas computacionales (búsqueda de objetivos futuros). El TCI muestra claramente en programas de simulación que las hipótesis evolutivas fallan en explicar la aparición de estructuras teleológicas complejas, --aunque se proponga que los cambios ocurren lentamente, paso a paso. Los mecanismos básicos que postulan estas hipótesis, no son suficientes para generar estas configuraciones estructurales funcionales, sin tener que recurrir a 'información' externa. Los defensores del evolucionismo argumentan que el proceso evolutivo puede echar mano a la información presente en el organismo mismo para proveer la información que se necesita para lograr la meta; pero esta estrategia –si fuera posible--, solo empuja el problema del origen de la información a otro nivel, sin resolverlo. En esta argumentación se utiliza el término información refiriéndose a estructuras teleológicas, que denotan estructuración y funcionamiento diseñado inteligentemente.

Tampoco resulta fácil entender la proyección de la estrategia de 'búsqueda' a la dinámica de la naturaleza toda—como sucede por ejemplo, con las configuraciones teleológicas en biología. Así, considerar una estructura proteica enzimática específica como el resultado de una 'búsqueda' de la naturaleza, porque su configuración es matemáticamente muy improbable de aparecer por el mero azar, y además, porque hay muchas combinaciones posibles de los aminoácidos de esta enzima, lo que constituiría matemáticamente una matriz posibilidades. Dembski W. (2014, pp 156) que postula esta proyección, afirma: "La naturaleza misma ha identificado esta meta como precondición para la vida –nada vivo que sepamos puede existir sin proteínas." En esta perspectiva se piensa que el mundo físico, con sus leyes y constantes finamente calibradas, permite la emergencia de la vida, de modo que: "El universo en sí, puede ser visto como la solución al problema de hacer posible la vida. Ahora, la solución-de-problemas es en sí una forma de búsqueda, esto es, encontrar una solución (dentro de un rango de posibles soluciones, lo que es decir, una matriz de posibilidades." (Dembski W. 2014; Pag. 154) Pero la naturaleza tal como la conocemos, no busca nada, no tiene mente, ni fines. Suponer que ocurre este juego de probabilidades con 'búsqueda' para optimizaciones y llegar finalmente a la vida, es simplemente salir fuera del campo de la ciencia actual para entrar en especulaciones de matemáticas aplicadas; o, en el mejor de los casos, esta incursión es un sumergirse en una esfera de carácter metafísico-teológico, que es lo que hace Dembski explícitamente en su libro *Being as Communion. A Metaphysics of Information.*

Dembski comenta que esta propuesta de 'búsqueda' en la naturaleza es rechazada por la comunidad neodarwinista, considerándola una proyección de lo humano a la naturaleza; y como vimos, no sin razón. Los neodarwinistas interpretan la tendencia del hombre a buscar teleología en las cosas (como metas de 'búsquedas'), como una ventaja evolutiva cribada por la selección natural para un desarrollo más adaptativo. Dembski señala que esta crítica es básicamente de carácter metafísico –materialista--, que acepta solo lo material físico, pero que desde una perspectiva metafísica más amplia, piensa Dembski, que es perfectamente posible postular la existencia de una inteligencia más allá de lo empírico material; y pregunta: "¿Y si la naturaleza misma fuera producto de una mente, y los patrones que exhibe fueran soluciones a problemas de búsqueda, formulados por esa mente?" (Dembski W. 2014; Pag. 155) Soluciones para que surja y se desarrolle la vida.

Esta dirección que toma Dembski es claramente metafísica, y no es del interés de este apartado, pero no se puede dejar de señalar que este camino entraña muchos peligros y dificultades, con serias interrogantes filosóficas y teológicas. Solo para mencionar una, el uso de una técnica instrumental, totalmente humana como la 'búsqueda' de algo aún no existente, y estructurada matemáticamente en términos de distribución de probabilidades, si proyectada al plano de un ser inteligente, trascendente, todopoderoso y omnisciente como el Dios de la teología cristiana (y de la judía y musulmana), en su capacidad de creador del mundo que conocemos, constituye un antropomorfismo atrevido condenado inevitablemente a fallar, lo que desgraciadamente ha ocurrido más de una vez en la historia de la teología natural.

Búsqueda ciega.

Se denomina *'búsqueda ciega'* a la que se realiza sin ninguna ayuda adicional, excepto el conocimiento de la presencia de un objetivo o meta, más bien esbozado; sin información acerca del espectro de posibilidades de búsqueda que pudiera ayudar la tarea. Lo único que se sabe en una 'búsqueda ciega' es el poder distinguir lo que es la meta u objetivo de la 'búsqueda', de lo que no lo es (lo que sin duda implica un saber, en nada simple). En estas condiciones, la 'búsqueda' tiene naturalmente muy bajas probabilidades de lograr la meta, y si la alcanza, de acuerdo con Dembski, es básicamente, por un golpe del azar. Naturalmente una 'búsqueda' no puede ser absolutamente ciega, sin ni siquiera algún conocimiento del objetivo (características, cualidades, sus posibilidades de acción o asociación con otras cosas, etc.), en estas condiciones, sería un sinsentido; un absurdo pleno. En rigor no se puede hablar de 'búsqueda ciega', ni de puro azar en el proceso de una 'búsqueda'. En el conocimiento de la meta, tenemos –al menos en las búsquedas directas de la vida corriente humana--, una gran variedad de conocimientos de los objetivos y de las metas que se persiguen, desde su aspecto, hasta las asociaciones que despiertan; y si se busca 'la solución' de un atasco literario, filosófico, artístico o científico, se tiene consciencia –conocimiento—de lo que se necesita o desea, aunque esto sea vago o no bien esbozado.

Esta complejidad de detalles de la meta u objetivo de una 'búsqueda' de objetos existentes (o supuestamente existentes o posibles en las 'búsquedas' de la vida corriente; ej., tesoro en una isla, o una idea en el contexto de una incertidumbre intelectual), presenta una dificultad metodológica –insalvable (en el mejor de los casos: casi-insalvable)--, para la aplicación de conceptos probabilísticos; esto es, la cuantificación matemática de todos los conocimientos que se tengan, o que evoque el objetivo. Este problema de la cuantificación, no ocurre en los programas computacionales diseñados de 'búsqueda', puesto que se trabaja con conocimientos materializados escogidos cuidadosamente con un propósito específico, y por tanto susceptibles de manejo matemático. De manera que cuando se habla de 'búsqueda' cuantificable matemáticamente, la referencia más "fidedigna" serían los modelos de 'búsqueda' computacionales, y similares, como el Google en la Internet.

Hay que tener presente –como ya apuntado--, que una 'búsqueda ciega' no implica necesariamente bajas posibilidades de lograr una meta u objetivo, puesto que una 'búsqueda' de este tipo es más bien una abstracción, ya que siempre sabemos algo de lo que se 'busca'; esto es perfectamente válido para las 'búsquedas' directas de la vida diaria. Si sabemos que el objetivo es resultado de la acción de leyes de la naturaleza, su ocurrencia será invariable (y en verdad no es necesaria una 'búsqueda'); de esta certeza (o cuasi certeza) de la ocurrencia del objetivo, a no saber nada --o más bien, casi nada--, de las posibilidades de alcanzarlo, se despliega una amplia gama de situaciones de conocimiento. De manera que una 'búsqueda ciega' es difícil de precisar, y si se emplea esta expresión en forma ligera y genérica, resulta equívoca, particularmente cuando se trata de una 'búsqueda' directa, no computacional.

Información agregada. Dembski (2014; pag.150) explica que el TCI parte de la percepción de que incorporando en la 'búsqueda' de las mejores probabilidades, ''...información-específica de la meta [objetivo buscado], aumenta la probabilidad de encontrar la meta." Naturalmente, en lo que respecta a las 'búsquedas' del diario vivir entre más se sepa de las características de lo que se busca y, de las posibles avenidas para hallarlo, habrán más posibilidades de encontrarlo (o realizar el objetivo); si sabemos poco, las probabilidades de lograr la metas son bajas, y si se encuentra, es más bien por resultado de casi pura casualidad. Como vimos, en las 'búsquedas' humanas directas de la vida corriente, se tienen de partida conocimientos de algunas o muchas características de sus objetivos y metas, un conocimiento que va a alimentar las posibilidades de la 'búsqueda' como conocimiento previo; si a este saber previo agregamos más 'información' (conocimiento acerca del objetivo) –información agregada--, aumentan naturalmente las probabilidades de éxito de la 'búsqueda'. La información agregada es entonces, información que se 'busca', acerca de la meta y posibles modos de lograrla, y esto ciertamente cambia la distribución inicial de probabilidades; afina las probabilidades de éxito de la 'búsqueda'. Tenemos que tener presente que esta concepción de 'búsqueda' de Dembski, es de carácter probabilístico matemático, que se puede manejar bien en computación; aquí, en este trabajo, recalcamos las dificultades cuando se generaliza esta concepción, a las 'búsquedas' directas de la vida humana.

Dembski (2014; pag.150) sostiene que en base a cálculos matemáticos precisos: "...el TCI muestra que una búsqueda exitosa (la que ubica una meta) requiere tanto *input de información*, como el *output* de la búsqueda." Dembski (2014; pag.157) sostiene que el núcleo mismo de la 'búsqueda' es matemáticamente claro y general para toda 'búsqueda', aunque en algunos casos aparezcan aspectos subjetivos, o la 'búsqueda' esté incorporada a la naturaleza. El uso de estos conceptos de "input" y "output" parecen aplicables a los programas de 'búsqueda' computacional controlada, en los que se puede medir lo que se incorpora en el sistema, y los resultados que se obtienen con los programas diseñados, pero no parece tan obvio, ni fácil, para las 'búsquedas' directas que realizan los seres humanos en su vida cotidiana. Porque de partida el ser humano que 'busca' --lo que sea, de objetos a ideas--, no es un algoritmo diseñado de 'búsqueda', sino que es una persona dotada de racionalidad, emociones, apetencias, imaginación y creatividad, incluyendo generación de información y de artefactos con organización y funcionamiento inteligente. Todos estos factores juegan un papel muy importante en las búsquedas humanas no computarizadas, piénsese en la 'búsqueda' de proyectos de ingeniería o arquitectura, en la 'búsqueda' de versos para una poesía o conceptos para una tesis intelectual. Pero, curiosamente, Dembski (2014, pp 186) en otras secciones de su libro se muestra plenamente consciente de esta capacidad humana: "...si no fuéramos creadores de información, no podríamos formular teorías científicas, mucho menos buscar aquellas empíricamente adecuadas, en cuyo caso no habría ciencia." Sin embargo, estas características de los seres humanos, no parecen ser consideradas, cuando generaliza su concepción de 'búsqueda' de los modelos computacionales, a la vida corriente de los hombres. De manera que es muy claro que los seres humanos tienen poco o nada de un algoritmo rígido de 'búsqueda' computacional, con algoritmos diseñados por los hombres, con posibilidades y fines concretos. Y aún, si aceptamos esta extrapolación de algoritmos diseñados, a la 'búsqueda' directa del ser humano, nos tocaríamos con la difícil tarea de realizar una matematización de 'inputs' y 'outputs' de su 'búsqueda'; un proceso claramente susceptible de ser arbitrario y de provocar distorsiones significativas.

Dembski explica que en estos Teoremas de Conservación de la Información (TCI) se demuestra claramente una relación matemática entre input y output, en la que el input es igual al output, o incluso puede ser mayor con la 'información agregada'. Lo que se mide en estos programas, es lo que el autor denomina "información". Por la precisión matemática de estos teoremas, y la utilidad en los modelos de 'búsqueda' computacionales, Dembski piensa que el TCI se puede aplicar en toda 'búsqueda', incluyendo las 'búsquedas de la naturaleza', puesto que piensa, que este proceso de 'búsqueda' (en este caso 'búsqueda' de objetivos a lograr) está incorporado al tejido mismo de la naturaleza; para este autor, la 'búsqueda', es un fenómeno general (de carácter metafísico). De modo que se puede hablar de Ley general de la conservación de la información. Esta generalización del autor, no es fácil de probar.

'Búsqueda' alternativa o dirigida.

La información que se consiga en un proceso de 'búsqueda' es considerada fundamental, puesto que afecta su matriz de posibilidades, y aumenta su probabilidad de éxito. Esto se hace claro en las 'búsquedas' cotidianas del ser humano, en las que la información lograda es fundamentalmente –no exclusivamente--, de mensajes cognitivos significativos directos (voz) o indirectos (mensajes materializados en diversos medios). Dembski ilustra este proceso con el ejemplo de la 'búsqueda' de los huevos de Pascua de Resurrección. Estos huevos de dulce y chocolate coloreados, se esconden en el jardín para que los niños los encuentren: 'búsqueda'. Lo único que los niños saben es que hay huevos de Pascua escondidos en el patio: "meta' (objetivo); esta situación de ignorancia parcial constituye una 'búsqueda ciega', con muy pocas probabilidades de encontrarlos en el vasto jardín: espacio de probabilidades. Pero los mayores ayudan a los chicos con información agregada que alude a la proximidad de la meta (huevos): guiando con las expresiones: "frío, frío"; "tibio, tibio"; "caliente, caliente", de acuerdo a la cercanía del objetivo, lo que cambia la distribución de probabilidades. De esta manera, los niños van explorando distintas posibilidades, para finalmente encontrar los apetecidos huevos de Pascua; una 'búsqueda' exitosa gracias a la información inyectada, sin ella sería probablemente una 'búsqueda' estéril. Los niños, con muchas probabilidades no encontrarían los huevos, sobre todo si son pocos: metas mínimas, y si los encontraran en estas condiciones, se sospecharía una trampa en el proceso. Esta 'búsqueda' con información agregada se denomina "búsqueda' alternativa o dirigida".

El ejemplo de los huevos de Pascua ilustra la importancia de la información agregada, el resultado final es posible solo con la ayuda de los mayores, sin ella, la 'búsqueda' de los niños sería prácticamente ciega. Pero el autor sostiene que este ejemplo también muestra, el principio de 'Conservación de la información', lo que no es particularmente evidente como veremos más adelante. Es oportuno también señalar, que se podría intentar cuantificar los factores envueltos en esta 'búsqueda', para realizar los cálculos matemáticos del caso, pero las dificultades son obvias, porque la información agregada en este ejemplo son mensajes cognitivos significativos, no cálculos de probabilidades. Este ejemplo de la vida corriente, en verdad muestra muy claramente la importancia de la información agregada –'búsqueda dirigida'--, pero también muestra claramente, la dificultad de matematizar las variables envueltas, y de extraer conclusiones en ecuaciones matemáticas conclusivas.

C. Luskin (August 21, 2013), explica que si un algoritmo de 'búsqueda', arroja mejores resultados que una 'búsqueda' ciega es, porque ha recibido información (información agregada) – llamada *información activa*. Lo importante de señalar de estas afirmaciones del autor, es que, de acuerdo a los cálculos matemáticos de la estructura del teorema de CI, la cantidad de información recibida, iguala al menos, la medida de la superioridad de esta búsqueda del algoritmo, con respecto a una búsqueda ciega. Lo que parece indicar lo obvio, al menos en el hecho que sin *información activa*, la 'búsqueda' es simplemente casi a ciega, básicamente 'al azar', particularmente si esta 'búsqueda' se está realizando en una simulación computacional en la que se controla muy bien la información inherente relacionada con el objetivo que se busca, y se maneja una concepción de información conveniente de manejar. Pero, como ya se ha comentado más arriba, lograr una 'búsqueda' ciega no es tan sencillo, y es difícil de controlar en las 'búsquedas' del diario vivir; y además, en este tipo de 'búsquedas' no se computa la inteligencia creadora del ser humano que juega un papel muy significativo en las probabilidades de encontrar un objetivo.

Costo de la Información agregada.

De acuerdo a Dembski, cuando se considera la 'inversión' que significa lograr 'información agregada' en un proceso de 'búsqueda', y se computa este gasto, la *'búsqueda' modificada* no hace el proceso más exitoso, puesto que la probabilidad ajustada es igual o, incluso menor que la original; pero esto no resulta evidente en modo alguno en el ejemplo de los huevos de Pascua, en el que la información agregada hace posible el encuentro de los huevos. Podríamos preguntarnos entonces, por qué estas ecuaciones tienen tanta importancia, si pensamos que lo importante es conseguir la meta, sea como sea. Creo que para entender la importancia de esta concepción matemática debemos pensar que una de las preocupaciones fundamentales de estos autores del teorema de CI, es la demostración en simulaciones computacionales, que la teoría evolutiva no es capaz de generar nueva información (generar complejidad biológica especificada) con los mecanismos que propone; de aquí que la dinámica de la información es lo más importante de evaluar en este proceso de 'búsqueda'. Por esto Dembski (2014; pp. 168), enfatiza: "Las búsquedas logran sus éxitos [por ej., generar objetivos teleológicos no existentes en la naturaleza], no creando información, sino tomando ventajas de la información existente." Así puede entenderse la importancia del estudiar matemáticamente la dinámica de las probabilidades en una búsqueda (incluyendo la información); y también por esta razón, el énfasis de estos investigadores se coloca en la distribución de probabilidades, y no en el logro mismo de la meta u objetivo de la 'búsqueda'. Sin embargo, si bien es cierto que el ejemplo de la 'búsqueda' de los huevos de Pascua muestra claramente que sin la información agregada, la 'búsqueda' es casi ciega; no muestra convincentemente que las probabilidades de la 'búsqueda dirigida' sean iguales a la búsqueda ciega una vez computado el gasto que implica el lograr la información agregada; el ejemplo no parece propicio para hacer evidente esta afirmación, porque 'el costo' de esta afirmación agregada parece mucho menor que el éxito de que los niños encuentren los huevos. La diferencia radica en que esta es una 'búsqueda' en vivo con muchas dimensiones significativas, y las 'búsquedas' que dan origen al teorema de la CI, son simulacros computacionales de 'búsqueda' controladas y secas, dos cosas aparentemente similares, pero en verdad, muy diferentes. Si se insiste en enfatizar que si se computa la información agregada, las probabilidades de que los niños encuentren los huevos permanecerían igual que al estado inicial, no es necesariamente evidente, porque los niños pueden imaginar los mejores escondites, o tener alguna experiencia de búsqueda anterior que les ayude. Este ejemplo no facilita la comprensión del TCI, y su aplicación estricta distorsiona la situación en forma reduccionista.

Cálculo del costo invertido.

Las matemáticas envueltas en las computaciones del TCI son complejas, y no son el objetivo primario de este trabajo. Sin embargo, pienso que es importante aventurarse un poco en esta materia para ganar, por lo menos, una idea de lo que está en juego. Dembski (2014, pp 159), escribe: "...la información, como una medida numérica, es definida comúnmente como el logaritmo negativo de base 2 (o algún logaritmo término medio de probabilidades, a menudo llamado entropía). Esta operación tiene el efecto de transformar las probabilidades en bits y permitirles ser aditivas (como el dinero), en vez de multiplicadas (como las probabilidades)." Así una probabilidad de un octavo se transforma en tres bits. (Esta fórmula es muy usada en las ciencias de la comunicación.) De esta explicación se desprende que información y probabilidades están relacionas de tal modo que la información viene expresada en probabilidades. La pregunta que surge es ¿y qué es la información propiamente tal? La información viene a ser el producto realizado de acuerdo a una distribución de probabilidades (resolución de la incertidumbre); la información es básicamente una relación matemática abstracta (ver Información de Shannon en Capítulo 2, para detalles). En una 'búsqueda' entonces, la información es el material pertinente que soportan las probabilidades de su éxito. En el próximo capítulo veremos otros detalles de la concepción de información en Dembski.

Dembski (2014, pp 161) explica: "...cuando tratamos de aumentar la probabilidad de éxito de una búsqueda, la tarea de localizar el objetivo, en vez de hacerse más fácil, permanece tan difícil como antes, puede aún (y a menudo es así) hacerse más difícil, una vez que el costo en información subyacente se computariza." Nótese que los término *'fácil'* y *'difícil'* no tienen nada que ver con la percepción humana de fácil o difícil en el conseguir algo, sino que estos términos están referidos a conceptos matemáticos de *complejidad*. Básicamente estos términos son nociones de complejidad teórica, que en el caso de las probabilidades, se presume son subyacentes a ellas: "...presumiéndose una medida de complejidad subyacente." De tal manera que existe una relación entre probabilidad y complejidad, y así "...la medida de complejidad es una medida de probabilidad." Técnicamente, la medida de probabilidad se torna en una medida de complejidad cuando es transformada logarítmicamente en una medida de información. Con estas relaciones de probabilidad, complejidad y facilidad/dificultad, Dembski (2014, pp 161) explica que, una búsqueda se vuelve más fácil cuando aumenta el grado de éxito de una probabilidad (con menos complejidad); y se vuelve más difícil cuando disminuye la probabilidad de éxito en encontrar el objetivo (complejidad más alta). Con el aumento de costo invertido para mejorar la posibilidad de éxito de la probabilidad, disminuye su valor probabilístico; y también, con el aumento de costo en el proceso, la búsqueda se hace más difícil, pues aumenta la complejidad y disminuye la probabilidad de éxito. Ahora, si el costo baja, también baja la complejidad, y aumenta la probabilidad de éxito de la búsqueda, y su facilidad. Dembski (2014, pp 162) explica: "...puede pasar que tratando de mejorar las probabilidades de la búsqueda, los costos probabilísticos exceden los beneficios probabilísticos." Dembski nos dice: "La razón por la que hablamos de "Conservación" de la Información es, porque lo mejor que podemos hacer cuando tratamos de aumentar la probabilidad de localizar una meta [mediante búsqueda de información agregada], es salir justo [*break even*], no volviendo la búsqueda más difícil de lo que era al comienzo." (Dembski W. 2014; Pag. 162).

Todas estas relaciones matemáticas obviamente son difíciles de captar sin conocer adecuadamente las teorías que las sustentan, pero el análisis de esta materia escapa a los propósitos de este trabajo, y al conocimiento de su autor. En todo caso, con el limitado entendimiento que logremos, queda claro que todos estos conceptos, particularmente el de información que es el que primariamente nos interesa, están definidos en forma matemática, por lo que su aplicación parece ser fácil en los programas computacionales diseñados para escenarios de búsqueda, en los que todo está controlado y matematizado. En este sentido las referencias repetidas de Dembski son los programas computacionales evolutivos. En lo que se refiere a la aplicación de la conceptualización matemática de este proceso, a las 'búsquedas' de la vida cotidiana resulta estrecho, anti intuitivo, y de difícil implementación, como lo hemos visto anteriormente.

Dembski ilustra la noción de Conservación de la información, con un ejemplo: la búsqueda de un tesoro escondido en una isla. La 'búsqueda ciega', sin tener información alguna del lugar donde pueda estar enterrado el tesoro, es una 'búsqueda' "difícil". Para hacerla más "fácil" se 'busca' un mapa que indique el lugar en donde se encuentra el tesoro. Pero, para encontrar este mapa preciso, porque hay varios mapas -- fidedignos y no fidedignos--, hay que realizar una 'búsqueda' –nótese se realiza aquí una 'búsqueda' dentro de una 'búsqueda'. La 'búsqueda' del tesoro con un mapa fidedigno es una 'búsqueda' fácil –al menos psicológicamente--), pero cuando se considera el costo de la 'búsqueda' del mapa adecuado(, la 'búsqueda' del tesoro, ya no es considerada "fácil", y puede ser matemáticamente más "difícil" que la 'búsqueda' ciega. Estas consideraciones matemáticas de costo, tratan "...la búsqueda en sí misma como un tema de búsqueda. Si esto suena auto-referencial, [dice el autor] lo es. Pero tiene sentido." (Dembski, W., August 28, 2012) Este ejemplo de la 'búsqueda de un tesoro, es nuevamente un ejemplo de 'búsqueda' directa, y la aplicación del TCI, no resulta nada de fácil, ni tampoco sus conclusiones son evidentes, porque una cosa son los modelos computacionales matematizados, y otra cosa son los seres humanos 'buscando' conscientemente, y en forma auto dirigida. Repetimos, los seres humanos no son algoritmos de 'búsqueda', son seres vivos con múltiples dimensiones, y lo más importante *la 'búsqueda' directa es consciente y cognitiva, en cambio la 'búsqueda' del TCI computacional es conceptualizada matemáticamente*, y realizada por un operador.

Más adelante, en este mismo artículo, Dembski da: "...una formulación razonablemente precisa de la conservación de la información, concretamente *aumentando la probabilidad de éxito de una búsqueda, no hace nada para lograr la meta más fácilmente, y puede de hecho hacerla más difícil, una vez que el costo informacional envuelto en aumentar la probabilidad de éxito es tomada en cuenta [se computa].*" Esta definición calza bien para las 'búsquedas' computacionales, no así para las 'búsquedas' directas del ser humano. En este ejemplo de la 'búsqueda' de un tesoro, es definitivamente más fácil encontrar el tesoro con un mapa y eso es lo que verdaderamente cuenta. Aunque como ya dijimos, para Dembski, el éxito de la 'búsqueda no es particularmente importante (el éxito puede ser solo producto del azar), pero lo que sí es importante, es la distribución de probabilidades (más sólida que el mero azar para una 'búsqueda' exitosa. En la 'búsqueda' computacional la cuantificación matemática probabilística (información) prima, no así en la 'búsqueda' directa en vivo, en lo que lo significativo y psicológicamente valioso, son más importantes que el costo o dificultad en conseguir la información agregada (naturalmente que hay consideraciones y límites, pero no necesidades matemáticas). En lo que se refiere a la información, en las 'búsquedas' computacionales es una concepción matemática relacionada a las probabilidades y grado de complejidad; en las 'búsquedas' vivas directa, la información es fundamentalmente cognitiva, y además el agente que 'busca', obtiene conocimiento de otras fuentes (observación, reflexión, recuerdos, etc.)

Dembski usa otros ejemplos de 'búsqueda' de la vida cotidiana para ilustrar este teorema de Conservación de la información. Estos ejemplos son fundamentalmente juegos de azar, como: la 'búsqueda' de ganar la lotería o de encontrar un premio oculto detrás de tres cortinas, además de utilizar el lanzamiento de dados y monedas, para cálculos probabilísticos. En estas situaciones de azar es posible aplicar con cierta nitidez las matemáticas de las probabilidades, pero ya no resulta tan factible ni convincente en la mayoría de las 'búsquedas' en vivo.

Las confirmaciones matemáticas de la Teoría de CI han sido realizadas con algoritmos diseñados en programas computacionales de simulación de 'búsquedas', especialmente de tipo evolutivo. Esta confirmación repetida, para Dembski, transforma la Conservación de la Información, en una *Ley de Conservación de la Información*, para las búsquedas en general. (Dembski W. 2014; Pag. 168) Pero como hemos repetido, la aplicación de este teorema a la mayoría de las 'búsquedas' humanas realizadas en su vivir habitual, no es tan clara su aplicación ni sus conclusiones, y lo más importante: la conservación de la información no ocurre en muchas, por no decir la totalidad, de estas 'búsquedas', porque el hombre en su vivir genera información y se nutre de información (en el sentido con que hemos caracterizado información). La información en las 'búsquedas' vivas es fundamentalmente cognitiva significativa muy difícil de cuantificar, como para apoyar una ley universal de conservación de la información.

Tipos de información en las 'búsquedas'.

Ya hemos mencionado el núcleo del concepto de información como se utiliza en las 'búsquedas' conceptualizadas en términos probabilísticos y en dinámica de la información en una 'búsqueda'. Pero es oportuno recordar que en computación se utiliza información materializada, de manera que los algoritmos y modelos computacionales con los que se realizan simulaciones de 'búsquedas', son productos proviene de una mente humana, constituyen un conocimiento que se ha codificado para representarlo electrónicamente en bits y bytes, incluyendo caracteres matemáticos y otros símbolos pertinentes para construir las escenas de 'búsqueda', y realizar los cálculos probabilísticos del caso. Todo lo que sucede en un sistema computacional es en base a mensajes –conocimientos—materializados electrónicamente; y lo que se llame 'información' en estos modelos, no es más que una expresión, matemática –o matematizable--, representada electrónicamente, para probar y evaluar el proceso de 'búsqueda', sea una 'búsqueda' de algo establecido para ser encontrado, o una 'búsqueda' para generar algo más complejo que no se tiene y se busca como son los programas evolutivos. Esta 'información' no deja de ser materialización de conocimiento a la que se le otorga el calificativo de 'información', conforme al significado y función que se le asigne en el programa.

En la aplicación de la conceptualización de 'búsqueda' a los procesos biológicos, para evaluar la viabilidad de la TE en simulaciones computacionales, Dembski habla de *información biológica* cuando tenemos estructuras complejas teleológicas. Estas estructuras tienen para Dembski W (2014; Pag. 185-6) un significado especial en lo que se refiere a la 'búsqueda' en el área de la biología, y pregunta retóricamente: "¿Cuál es la fuente (o fuentes) de la información en la naturaleza que permite a sus metas [objetivos] ser 'buscados' en forma exitosa?" La respuesta que da, es: la inteligencia; y continúa: "La propiedad definitoria de la inteligencia es su habilidad de crear información." Una inteligencia "...que puede hacer más que meramente redistribuir información---que puede también crearla." De modo que *la información que se encuentra en las estructuras complejas teleológicas proviene de una inteligencia*; esta información contenida en estas moléculas es *la "especificación" en la "complejidad" estructural*, que para este autor sugiere, "alto contenido de información", o "información especificada", y indica una actividad inteligente previa. (Dembski W. 1998) Creo que es importante puntualizar que las estructuras biológicas teleológicas no son en sí mismas fuentes de información, no envían ningún mensaje informativo –no son agentes inteligentes; pero sí están construidas en forma inteligente para realizar funciones específicas; están construidas inteligentemente, pero no son, ni inteligencia, ni información; son fuente de conocimiento, pero eso es otra cosa.

Como hemos visto más arriba, el concepto de información que se maneja en el TCI es matemático abstracto, derivado de las probabilidades realizadas. Esta noción de información está relacionada a la Teoría de la Información de Shannon, que no es información propiamente tal, y como se ha podido ver, no corresponde con la caracterización de información que hemos tomado en este trabajo.

A manera de conclusión.

Queda claro que *el Teorema de la Conservación de la Información no tiene conexión con la posible pérdida que pueda ocurrir a una información materializada* como comentamos en un capítulo anterior, sino que se trata de una dinámica de la información caracterizada matemáticamente, en conexión a una 'búsqueda' conceptualizada en términos de probabilidades. La operación de 'búsqueda' requiere de 'información agregada' para aumentar las probabilidades de éxito; pero esta información adicional –agregada--, no es gratis y no se puede ignorar, sino que tiene costo en términos de probabilidades, información, complejidad y facilidad de la 'búsqueda'; todos estos factores están interrelacionados matemáticamente. Los cómputos del TCI muestran que en este proceso de 'búsqueda' no hay realmente aumento de probabilidades de éxito con la información agregada debido al costo de esta información, y por ende, no hay generación de nueva 'información'. Este TCI tiene su máxima utilidad en las simulaciones computacionales de escenarios de 'búsqueda', particularmente las teorías evolutivas que claman generación de nueva información en sus hipótesis mecanicistas combinadas con el azar. Sin embargo, la aplicación de estos teoremas de CI a las 'búsquedas' en vivo realizadas por los seres humanos, no son fáciles de implementar, y sus conclusiones no son en modo alguno evidentes, por el contrario se ven controvertidas por los resultados. Esta discordancia se debe a varios factores, entre los que destaca el hecho –nada desdeñable--, que el ser humano no es un algoritmo diseñado de 'búsqueda', como los algoritmos usados en programas computacionales de 'búsqueda', sino que es un agente racional consciente, inteligente y creador; en relación a este aspecto fundamental, la información agregada en estas 'búsquedas' vivas, consiste en mensajes cognitivos coherentes, que si son adecuados, verdaderamente cambian las posibilidades de su éxito.

Lo importante para este trabajo es destacar las distintas acepciones del término información, y cómo esto puede generar equívocos y distorsiones en las aplicaciones, en teorías que no reparan en las diferencias de significado del vocablo información, particularmente cuando se trata de situaciones en el que el ser humano está envuelto primariamente.

BIBLIOGRAFÍA:

1 Dembski, William A. (2001). No Free Lunch. The Rowman & Littlefield publishing Group Inc.

2 Dembski, William A. (August 28, 2012). Conservation of Information Made Simple. En: Evolution News and Views: http://www.evolutionnews.org/2012/08/conservation_of 063671.html (Accedido: Septiembre, 2015)

3 Dembski, William A. (2014). Being as Communion. A Metapphysics of Information. Ashgate Science and Religious Series.

4 Kauffman, Stuart (2000). Investigations. New York: Oxford University Press.

5 Luskin, Casey (August 21, 2013). Biological Information New Perspectives Investigates "Information Theory and Biology." En: Evolution News and Views. http://www.evolutionnews.org/2013/08/biological_info0 75551.html (Accedido: Septiembre, 2015)

6 Luskin, Casey (July 29, 2015). Resarch by Dembski and Marks makes Inroads in Technical Literature. En: Evolution News and Views. http://www.evolutionnews.org/2015/07/dembski_and_m ar098111.html (Accedido: Septiembre, 2015)

Capítulo VIII

LA INFORMACIÓN EN METAFÍSICA

El contacto de la ciencia con la metafísica es inevitable, la ciencia opera constantemente con supuestos metafísicos, muy habitualmente con 'realismo' y 'objetivismo' tácito. Sin embargo, con el advenimiento de la ciencia contemporánea esta conexión de ciencia y metafísica, se ha hecho más explícita y polémica, particularmente en relación a los problemas del origen del universo en física, y en biología con el origen de la vida, y también en relación a algunas áreas de la microbiología y de la física cuántica. Este cambio de conciencia del papel que juega la filosofía en ciencia, ha exacerbado la penetración de la ideología materialista en las ciencias de la naturaleza, lo que ha generado un ardiente debate en torno a los supuestos naturalistas dogmáticos exigidos en estas disciplinas. Este despertar a la presencia de la metafísica en los bordes mismos de la ciencia, ha coincidido con un interés creciente en informática y en la información, cuya existencia es innegable en las estructuras genéticas; y que en el mundo cuántico se insinúan, en consideración a los estados binarios con que se manifiestan muchos de los fenómenos que ocurren a ese nivel. La información ha ganado la atención de numerosos investigadores y teóricos de estas disciplinas, al punto que algunos científicos la consideran como sustancial en la naturaleza, desplazando así, a la materia y sus leyes como primariamente constitutivas del universo, y con ello se levanta, como una avenida teórica antagónica al materialismo ideológico imperante.

Los temas de la metafísica y de la información son naturalmente de interés para el presente trabajo sobre las vicisitudes de la información, no podemos dejar pasar la proposición que sostiene que la información es el componente fundamental de lo físicamente existente, sin una pequeña revisión y, aventurar algunos comentarios. Para este propósito nos centraremos en la tesis presentada por William Dembski en su libro *Being as Communion. A Metaphysics of Information,* publicado recientemente en el año 2014. He elegido esta obra del Dr. Dembski, por constituir una tesis concisa y desarrollada sistemáticamente que intenta fundamentar la información como primaria en la constitución del universo, incluso de la materia misma. Sin duda, este esfuerzo loable del autor, se encuentra con enormes dificultades que no pueden obviarse; el tema es complejo, con variadas sutilezas en el plano filosófico y teológico. No es el interés de esta reseña analizar estas sutilezas, pero tampoco pueden dejarse completamente de lado, si intentamos comprender lo que información significa en este contexto particular. Recalco, este trabajo no tiene por objeto un análisis de la tesis metafísica del Dr. Dembski, sino que examinar primariamente el significado y el uso del término información en el contexto presentado por el autor.

Introducción a la tesis.

El Dr. Dembski señala en el Prefacio de su libro, que la tesis del Diseño Inteligente (DI) sería perfectamente consistente, y mejor aceptada, con una metafísica diferente al materialismo prevalente, pero puntualiza que el DI es válido por sí mismo, si seguimos las evidencias de la ciencia. Esta es una importante aclaración, la validez de la tesis del DI es independiente de una metafísica particular, y la validez de la tesis metafísica que va a desarrollar el Dr. Dembski, depende exclusivamente del vigor de sus argumentos.

En el Prefacio mismo, el Dr. Dembski (2014. Pref. XIII) revela el punto cardinal de su tesis metafísica: "Existir es estar en comunión, y estar en comunión es intercambio de información." Por lo que para el autor, una teoría de la información es fundacional para toda ciencia. El mundo ya no se explicaría desde una base de partículas regidas por principios de asociación, ciegos y chatos, –leyes y algoritmos naturales, auto-organización, emergencias--, sino que por entidades definidas por su capacidad de pasar información específica. La información juega un papel fundamental e irreductible en la composición elemental del universo; es "la naturaleza de la naturaleza" (Dembski, 2014. Pref. XVII).

El Dr. Dembski se muestra convencido que para elaborar una metafísica de la información, era necesario contar con una base teórica firme de la ciencia de la información, y ahora ya se tiene; pero antes de entrar a exponer su tesis, revisa *la metafísica materialista prevalente actualmente en ciencia*, y en la cultura en general. La materia, sus propiedades y sus leyes, se consideran como el sustento firme con el que se pueden explicar las cosas, incluso con esta cosmovisión materialista, se pretende reducir la génesis de la información a la materia. El materialismo monista, no permite la existencia de algo no material, pero no puede dar cuenta de valores como, la belleza y la verdad, sin reducirlos de algún modo a la materia; niega el libre albedrío. El Dr. Dembski señala la larga historia del materialismo que hunde raíces en la filosofía griega (Demócrito, Epicúreo), pero reconoce la presencia de otras posturas filosóficas en la historia, opuestas al materialismo, como el idealismo monista de los siglos XVIII y XIX, y naturalmente el teísmo cristiano, que se ve ahora arrinconado por el materialismo imperante. En la ciencia contemporánea el materialismo ha tomado cuerpo en forma del *materialismo metodológico* o *naturalismo metodológico*, una regla (auto-impuesta) que exige una postura materialista exclusiva para toda actividad científica.

La ideología materialista constituye el contrapunto usado por el Dr. Dembski para desarrollar su tesis metafísica de la información; sus propuestas se contraponen a los supuestos materialistas a lo largo de su libro. En este artículo no entraremos a examinar estas comparaciones, salvo cuando ayuden a aclarar el uso y sentido con que se emplea el término información.

Información como descarte de posibilidades.

El Dr. Dembski (2014, 3, pp 17) describe: "En la vida diaria, la información está asociada con agentes inteligentes que realizan afirmaciones con significado." En esta descripción el autor destaca la necesidad de inteligencia, lenguaje y semántica en la generación de la información. Pero el Dr. Dembski limita el concepto de información a los mensajes que contienen una *información positiva*. Un mensaje tautológico que 'informe' lo obvio, o un mensaje contradictorio, no informan nada nuevo; una tautología no puede mostrarse que es falsa. Para el Dr. Dembski, lo tautológico es incompatible con la definición de información que destaca: "contener información", porque, aún: "...siendo necesariamente verdaderas [las tautologías], no descartan nada." Nada que el agente receptor no pueda darse cuenta por sí mismo; pero como vimos en el primer artículo de esta serie, esto no es necesariamente así, en la comunicación interpersonal diaria de los seres humanos, en la que una tautología puede tener un significado en el contexto en que se genera la comunicación.

Una *información positiva* –rasgo definitorio para la información—es aquella que aporta más elementos informativos, lo que significa para el autor: *descartar más opciones*; el ejemplo del Dr. Dembski (2014, 3. Pp18) para ilustrar esta característica de la información es el de una pareja, en la que Alice dice a Bob, *"está lloviendo afuera."* Esta frase es correcta, pero tautológica, porque Bob es perfectamente capaz de darse cuenta por sí mismo que llueve; no aporta nada. Pero si Alice digiera: *"está lloviendo afuera una pulgada por hora"*, ya no se trata de una mera tautología, porque se están sumando otros aspectos asociados a la lluvia, que para Dembski reflejan el descarte de dos posibilidades: lluvia ligera y lluvia moderada. La información entonces, la caracteriza el autor como supresión de posibilidades, además de ser novedosa. Ahora, si analizamos brevemente este ejemplo, hay que notar que esta información: *"está lloviendo afuera"*, dejaría de ser tautológica, si suponemos que Bob no tiene acceso al exterior, y así constituiría una verdadera información, ya que Bob no podría constatar por si mismo las condiciones atmosféricas; sin embargo, puede considerarse una información simple y pobre en comparación a una frase con otros elementos 'informativos' (descartan más incertidumbre) con respecto a esa lluvia, como, pronósticos, temperaturas, vientos, etc.; y así agregar sucesivamente más elementos informativos hasta cumplir teóricamente con una extensa gama de información adicional, óptima. Y nótese también que Bob podría estar perfectamente cansado y desinteresado en saber nada acerca de la lluvia, para él estos detalles de 'información óptima' serían superfluos u odiosos, y abrumadores. Creo por tanto, que es importante señalar que con esta concepción de información, como una búsqueda de la '*mejor* i*nformación*' --que aporte el conocimiento más amplio para eliminar el máximo de incertidumbre--, es una conceptualización de la información que la coloca fuera de lo que llamamos en el primer artículo de este trabajo: la *relación condicionante* de la comunicación humana, en que el mensaje del agente efector está en relación al agente que se dirige, y está contextualizada a la situación particular en la que se produce. No se trata entonces de 'incertidumbre' ni de 'información optima' en abstracto, sino que estos términos están condicionados a la concretidad específica de los dos agentes envueltos en la comunicación de información. El Dr. Dembski desplaza el proceso de información de la vida humana --donde tiene su pleno y máximo sentido--, a un plano abstracto y teórico. Como veremos, el Dr. Dembski va a utilizar para su definición de Información como descarte de posibilidades, el modelo de la Información de Shannon, en el que información es una noción matemática relacionada a la teoría de las probabilidades (ver el artículo 2 de esta serie para detalles de esta teoría).

Pero el D. Dembski (2014, 3. pp 19) destaca otro aspecto en esta comunicación. Si Bob no hubiera estado al lado de

Alice frente a la lluvia, sino en el interior de la casa, la frase *"está lloviendo afuera"*, ya no sería una tautología, sino una información simple, en la que caben dos posibilidades, esto es, que está lloviendo, o que no lo está; en palabras del autor: ""Está lloviendo"... descarta la posibilidad "No está lloviendo", y por tanto expresa información." Esto significa para el Dr. Dembski, que una información supone siempre al menos dos posibilidades viables, de las cuales una es verdadera (verdadero o falso); de modo que, *la información es la resolución de un estado de contingencia.* El Dr. Dembski (2014, pp.19) lo dice así: "En general, *la información es realizar posibilidades, descartando otras.* Al menos que se descarten posibilidades, no se expresa información." Pero si se analiza un poco este ejemplo de la 'lluvia' como verdadera o falsa –presente o no presente--, y sus proyecciones a otras situaciones de información, la contingencia que se señala, no radica en el estado del tiempo mismo, que es como es (lluvia o no lluvia), la duda o 'contingencia' de la información surge en conexión con la idoneidad y conocimiento de Alice con respecto a la lluvia y de las informaciones que pueda ofrecer. La verdad de lo que dice Alice depende de ella, no de si llueve o no llueve. Esto significa que, la posible contingencia de las condiciones del tiempo no se desprende del ejemplo dado, porque Alice supuestamente va a constatar un hecho atmosférico que es independiente de su posible incertidumbre con respecto a las condiciones del tiempo, y de las que pueda tener Bob. En este constatar de Alice, no hay ningún proceso de información propiamente tal, Alice va a observar para aprender, a enterarse de lo que sucede, y este es un *proceso de adquisición de conocimiento*, que va transmitirlo en forma de información a Bob. La contingencia del estado atmosférico, es un agregado arbitrario.

El Dr. Dembski (2014, 3. pp 20) escribe al considerar el sentido semántico de la información habitual: "Pero, si la información es inherentemente acerca de la contingencia, rechazar algunas posibilidades para realizar otras, entonces la información podría tener sentido en ausencia de mentes [al menos humana, en el ejemplo de Bob y Alice]." Este comentario que el autor hace en conexión al ejemplo de la 'lluvia', parece curioso, puesto que para el Dr. Dembski la información tiene definitivamente origen en una inteligencia, y además –hay que agregar--, la determinación de la distribución de probabilidades requiere necesariamente de una mente que la realice. En todo caso, este comentario indica que el autor está definitivamente hablando de la contingencia de la lluvia (estar o no estar lloviendo), y no, de la incertidumbre que podría generar Alice. Con esta perspectiva, la información se genera en la naturaleza (lluvia realizada, descartando la no lluvia), y Alice se transforma en un receptáculo pasivo, en un mero canal para esta información. El Dr. Dembski en su libro, resuelve el condicional de su reflexión, a favor de la contingencia y de la teoría de las probabilidades, en la naturaleza. Pero, como hemos comentado, la contingencia del fenómeno natural (lluvia) es inyectada artificialmente en el proceso de información, pues en el ejemplo de la 'lluvia', la duda –'contingencia'—de la veracidad de ésta, está en relación a lo que Alice transmite, no al estado del tiempo del que no hay razón de dudar que es como es, ni razón para pensar que es contingente.

El Dr. Dembski (2014, pp. 19) adopta la concepción de información desembarazada de su fundamento mental (al menos de la mente humana), y sostiene que los animales también tienen la habilidad de descartar posibilidades, pero va aún más allá, incorporando abiertamente a *la naturaleza como capaz de descartar posibilidades*. Su ejemplo de "...la naturaleza produciendo información", es la luna. La luna tiene una órbita estable alrededor de la tierra, que condiciona varias ventajas para la vida en la tierra; pero es posible que en etapas anteriores la luna pudiera haber tenido una órbita inestable, con condiciones muy diferentes en la tierra. Al haber cambiado de tipo de órbita, el Dr. Dembski (2014, pp. 19) escribe: "...por tanto se puede decir la naturaleza produjo información. La naturaleza produce información cuando se mueve a un lado o al otro de una contingencia." La contingencia se refiere a sucesos que pueden suceder, no son necesarias ninguna de sus alternativas posibles. Nótese que el Dr. Dembski ha saltado al terreno metafísico hablando de la contingencia de los objetos reales, que podrían haber sido diferentes. El Dr. Dembski está perfectamente consciente que algunos autores no aceptan que la naturaleza carente de mente pueda generar información resolviendo contingencias. El Dr. Dembski es de la opinión que la concepción de información propuesta, es metafísicamente neutra, de más fácil aceptación por el materialismo, y de más amplia aplicación. De esta manera la contingencia se vuelve nuclear para la tesis metafísica y para su concepción de la información. Aquí es necesario aclarar que la tesis metafísica del Dr. Dembski es teísta, y como iremos viendo en este artículo, Dios es la fuente de la información que constituye la naturaleza, y de todo lo que sucede en ella. Pienso que no se puede decir que esta tesis metafísica es "neutra" para el materialismo.

Concepción holística de la información.

La información para el Dr. Dembski (2014, 3. pp. 21) es relacional y holística, no como la concepción materialista de la materia que es individualista y aislada, los objetos interaccionan pero conservan su identidad. En la visión materialista del mundo, lo constitutivo son las individualidades corpusculares, las cuerdas, los campos en interacción; la organización se explica desde lo elemental (*bottom up*), como una aglomeración. Para el Dr. Dembski (2014, 4. pp. 22-23): "El materialismo está esencialmente en la tarea de reconstitución, rompiendo la realidad en sus partes elementales, para luego reconstruirla. Pero uno tiene que preguntarse si lo que se reconstruye es la realidad como tal, o una sombra de la realidad." Las posibilidades que ofrece la información nada tienen que ver con la descomposición en elementos, ni con la reconstrucción desde el fondo --de lo elemental; la información es acerca del descartar posibilidades, y las posibilidades son múltiples. Así, con el ejemplo de la 'lluvia', se pueden descartar muchas posibilidades agregando elementos informativos, y la información se constituye en la realización de una probabilidad entre muchas posibilidades disponibles: cantidad de lluvia (descarta otras cantidades), humedad (descarta distintos grados de humedad), viento (descarta la ausencia de viento), etc. (nótese la contingencia en la naturaleza). El Dr. Dembski piensa que con su entendimiento de la información en las entrañas mismas de la naturaleza, se toma el mundo tal como es, no lo descompone para luego reconstruirlo. En la información: "Las posibilidades siempre pueden afinarse o desafinarse, aumentando o disminuyendo la resolución con la que examinamos el objeto que indagamos." En el ejemplo de la 'lluvia', con más o menos, información complementaria posible (cantidad de lluvia, viento, tormenta, etc. Desde el punto de vista de la teoría de la información –contrariamente al materialismo--, no hay ventajas en romper las posibilidades en posibilidades más finas; solo lo hace para afinar el mejor entendimiento del objetivo de la indagación, pero limitando el análisis a una *clase de referencia* de posibilidades relevantes al tema (en el ejemplo mencionado: lo relacionado con la 'lluvia'.

Mundos posibles.

El Dr. Dembski (2014, 4, pp. 25) utiliza la posibilidad de mundos posibles para ofrecer alberge al espectro de posibilidades de la que emergen las posibilidades realizadas, para generar el mundo en que vivimos; la postulación de los mundos posibles explica la contingencia de la naturaleza, del mundo que conocemos. El autor explica: "Es conveniente pensar las posibilidades como existentes en mundos posibles, y un mundo como consistente en todas las posibilidades realizadas." Nuestro mundo es el mundo de las posibilidades realizadas; en otros mundos –separados e independientes--, las cosas pueden ser completamente diferentes.

En esta visión del Dr. Dembski, la información comienza con muchas opciones –posibilidades--, todas pueden ser posibles, pero estas posibilidades se van reduciendo para terminar con pocas que son realizadas en nuestro mundo: información. "El máximo de ellas –dice el Dr. Dembski (2014, 4. pp. 25)—presumiblemente sería la colección de todos los mundos posibles, en cuyo caso, el último acto de información sería la identificación del mundo actual, el mundo que habitamos, con exclusión de todos los otros." El autor, como teísta cristiano, se siente confortable con creer que Dios en su creación realizó nuestro mundo, descartando los demás, un Dios que puede pensarlos todos y elegir uno, el nuestro; de modo que *nuestro mundo en su totalidad, es información*.

El Dr. Dembski piensa que partiendo de este mundo como posibilidad realizada, lo que pueda ser este mundo en concreto, queda abierto a las indagaciones humanas. Pero para el autor, este mundo en que vivimos es un *"mundo actual"*, que es más que el mundo concreto en que vivimos, este mundo actual es una concepción muy general que incluye todos los estados del mundo, sin consideración a tiempo ni espacio. En palabras del Dr. Dembski (2014, 4 pp. 28): "¿Pero quien puede decir que esta caracterización del mundo [la naturaleza y sus leyes] cubre todo lo que es real o actual? Por mundo, o mundo actual, voy por lo tanto a seguir lo que los filósofos que estudian la semántica de los mundos posibles, significan con ello, esto es, la totalidad de todos los estados de asuntos (pasados, presentes, futuros, atemporales), cualquier cosa que pueda ser." El Dr. Dembski continúa: "el último acto de información [Creación] debe consistir en separar el mundo actual de todos los otros mundos posibles. Concebir, y mucho menos realizar, tal acto de información está más allá de los agentes racionales finitos como nosotros." De manera que de acuerdo al Dr. Dembski, no podemos entender la totalidad de nuestro mundo actual en su relación con los otros mundos posibles, sin embargo, el autor piensa que somos capaces de manejar *actos subsidiarios de información*, por lo que, en vez de centrarnos en el mundo como totalidad, debemos mirar contextos informacionales mucho más limitados, pero abiertos a mundos posibles relevantes al tema estudiado. Y son estos actos menores –subsidiarios-- de información a los que se va concentrar el autor.

Matrices de posibilidad.

Para abordar la indagación de una información el Dr. Dembski explica que se debe recurrir a una *matriz de posibilidades*, que reúne las posibilidades relevantes a la investigación; esta matriz es como una ventana que mira y explora un aspecto del mundo, excluyendo a otros de la investigación. Elegir una matriz, es en sí misma una característica de la información, se seleccionan algunas posibilidades y se eliminan otras. La información es relacional, las posibilidades están todas ligadas con referencia a una clase de probabilidades; desde el punto de vista de la información una posibilidad aislada no tiene sentido. La información nace en una matriz de posibilidades; en el ejemplo de la 'lluvia' la matriz está compuesta de los elementos extras al hecho de llover o no llover, como es la cantidad de lluvia, viento, tormenta, etc. La selección de las posibilidades de una matriz debe ser amplia para lograr una información óptima, pero naturalmente hay un límite en la selección de probabilidades relevantes, y este es: *lo más improbable;* lo que es entendible si recordamos que esta concepción de información es una noción matemática, y la matemática trabaja con lo cuantificable, no con lo relevante y significativo.

El Dr. Dembski (2014, 5. pp. 35) define lo que son o representan esas probabilidades de una matriz, y escribe: "Las posibilidades que constituyen la matriz de posibilidades son, por definición, clases equivalentes de mundos posibles" [clases equivalente se refieren a que posen una o más propiedades esenciales iguales, instanciadas en todos los mundos posibles]. Si dos dados tienen las posibilidades de mostrar los siguientes resultados: 2, 3, 4, 5, 6, 7, 8, 9, 10 y 12; estas posibilidades representan la adición de los números mostrados por los dados en las tiradas, en todos los mundos posibles (nótese, no es una referencia a lo 'abstracto', sino a 'mundos posibles', que en cuanto tal son válidos), y naturalmente incluye la tirada en el mundo actual, que fue, siguiendo el ejemplo del Dr. Dembski: 12, y que descarta todas las otras posibilidades en los otros mundos. De esta manera, el autor piensa que podemos entender el mundo actual; escribe (pp. 35) "Una matriz de posibilidades consiste en posibilidades, posibilidades que ellas mismas consisten en clases equivalentes en mundos posibles. Las matrices de posibilidad forman la malla conceptual con que cubrimos el mundo actual para entenderlo." Esta descripción parece pintar un cuadro de probabilidades posibles interminables.

La *medición de la información en una matriz de posibilidades* depende de las posibilidades que puedan descartarse. Entre mayor es el número de posibilidades a ser descartadas, mayor es la información, porque la incertidumbre que se disipa es mayor. Pero la información no se mide con el simple número de posibilidades de la matriz, sino que se le asigna a cada posibilidad una probabilidad, lo que resulta más preciso para calcular la cantidad de información; *entre menor es la probabilidad, mayor es la información que contiene la posibilidad,* porque es mayor la incertidumbre que disipa si es realizada. Los detalles de estas relaciones de probabilidad e información, y su computación, se mencionaron ya en el Capítulo 2 en la sección Información de Shannon.

Inteligencia y naturaleza.

De acuerdo al Dr. Dembski (2014, 8. pp. 47-48), la información que es básicamente la naturaleza, es generada por una inteligencia, y por ser la naturaleza información se puede constatar en ella, los signos de la inteligencia que la genera; el autor escribe: "...entonces la naturaleza es una forma de información y las operaciones de la naturaleza pueden ser consideradas inteligentes y teleológicas." Como teísta cristiano, el Dr. Dembski cree que la inteligencia creadora de información es Dios. De modo que la materia del materialismo para el Dr. Dembski, no es responsable de la generación de información, ni de la inteligencia que se detecta claramente en algunas estructuras naturales como las biológicas. La cadena propuesta es entonces: Dios—inteligencia—información—teleología. En esta cadena se parte de Dios: inteligencia inmaterial que genera la información, también inmaterial, para constituirse en las estructuras teleológicas, y básicamente la plenitud de lo existente, y todo información inmaterial.

En el análisis filosófico que hace el Dr. Dembski de la materia, concluye que *la materia propiamente tal, no es percibida directamente por los sentidos*; se perciben, pues, percepciones, moduladas por nuestras ideas; *la materia es entonces, básicamente una abstracción para el autor, una idea que se hace artículo de fe.* Por esta situación, el materialismo recurre a la ciencia y se afirma como *materialismo científico.* El Dr. Dembski (2014, 10. pp 78-79) explica: "La materia es una abstracción extraída de la observación de numerosos objetos con nuestros sentidos. Esto *torna la materia, problemática como una base para la ontología.*" Con esta situación del conocimiento en la filosofía de las ciencias, el Dr. Dembski (2014, pp 85-86) dice: "Cuando hacemos ciencia no encontramos la materia en estado crudo, ni tampoco la experiencia sensoria. Más bien encontramos ciertos patrones con exclusión de otros. En otras palabras encontramos información." En esta concepción metafísica lo que percibimos como realidad, son patrones realizados, en este proceso perceptivo, con exclusión de otros posibles; lo que viene a significar que la realidad que percibimos es información de posibilidades realizadas con eliminación de otras.

Información y realidad.

Para el Dr. Dembski (2014, 10. pp 86) los patrones percibidos son los rastros que dejan los procesos con los que trabaja la ciencia (los ejemplos que usa el autor son extraídos del estudio con partículas subatómicas), estos rastros: "...exhiben ciertos patrones característicos con exclusión de otros – en otras palabras, toda la ciencia maneja en primera instancia, información." .... "Me siento tranquilo con pensar los objetos físicos como reales. Pero su realidad, argumentaría, es siempre inferida de los patrones, la información que dejan atrás." "Como regla general conocemos una cosa por los patrones que dejan." El Dr. Dembski señala que conocemos las cosas por sus rastros y patrones, básicamente por sus interacciones; en lenguaje corriente podríamos decir que conocemos las cosas por sus propiedades –acciones, reacciones, aspectos, etc.--, pero no conocemos la cosa misma, más bien la inferimos desde sus propiedades. El Dr. Dembski (2014, pp 87) escribe: "Conocemos las cosas por los patrones que dejan atrás, y su habilidad de dejar esos patrones atrás constituye su identidad, y las hace reales." El Dr. Dembski (2014, pp 87) señala que estos patrones: "...residen en el mundo actual, y los descubrimos cuando identificamos las matrices de posibilidad, y determinamos cuál de esas matrices fue realizada con exclusión de otras." El autor piensa que la ciencia observa patrones y selecciona aquellos que calzan con los que considera más adecuados; en palabras del Dr. Dembski (2014, pp 88): "La matriz de posibilidades dirige nuestra atención y nos llama a percibir ciertos patrones, excluyendo otros." Con la observación no se obtiene un mapa sensorio puro, sin un alineamiento en base al conocimiento e interés que tenga el observador, pero dirigido en el fondo por la matriz de posibilidades. Esto viene a significar que lo que conocemos verdaderamente, no es la 'materia' ni la realidad, sino un conjunto de percepciones –información--, de las que inferimos la realidad y la materia. En otras palabras, la información es primaria, y si se quiere, fundamenta la realidad y también la materia, si esta se postula como existente.   El Dr. Dembski (2014, pp 89), lo explica así: "La pregunta que surge entonces es ¿qué es más real, los objetos materiales, o la información característica de los objetos materiales? Yo diría, la información." Vivimos dice el autor, en el seno de la matriz de información, no podemos salir de ella. La información es primaria en esta visión metafísica del Dr. Dembski; por tanto, la información es el objeto primario del estudio de la ciencia. El Dr. Dembski se considera un *realista informacional*, por hacer de la información, la realidad. Creo que es importante comentar que el Dr. Dembski parece sostener que son los rastros, los patrones que dejan los 'objetos', lo que los hace reales, pero, los rastros y los patrones son tales, para los seres humanos que los perciben, lo que implicaría que si no los percibimos no son reales; en otras palabras pareciera que así se reduce la realidad del mundo – información—a ser percibida. Una tesis no nueva ni fácil de sostener, pero esto es tema para los especialistas en metafísica.

El medio y el mensaje.

Con respecto a la diferenciación que se hace entre información y medio, el Dr. Dr. Dembski (2014, pp 92) dice: "Es verdad que la información siempre tiene un medium, pero está lejos de ser claro que este medio necesita ser físico o material, tomando lo físico y lo material de un sentido inherentemente no informacional." En base a su observación de un programa de computación que no opera con un hardware, pero que sí puede operar en base a otro programa que funciona con dicha hardware, el Dr. Dembski concluye que la información puede efectuarse sin una base material (pero habría que comentar que ese programa que permite la operación deseada, si necesita de una hardware). Incluso el autor cree que se puede hasta pensar en la posibilidad de que todo el universo pudiera ser un computador de tipo matemático (no material). En base a estas observaciones y reflexiones, el Dr. Dembski (2014, 11. pp 95) sostiene que podemos pasar de necesitar la materia, pero: "...la materia es una conveniencia para el pensar." La materia hace el trabajo científico más fácil y menos tedioso; incluso el autor está dispuesto a aceptar la materia como un medium de la información, pero como una conveniencia. Para el Dr. Dembski, materia se refiere a materia corporal, pero también materia matemática de los objetos matemáticos, y materia espiritual de los ángeles; pero Dios es pura inteligencia, crea información, no posee información, ni tampoco naturalmente, materia. En esta perspectiva, el concepto materia pierde su sentido primario de ser una concretidad témporo-espacial, para pasar a incluir un sentido simbólico y también espiritual; el autor no elabora sobre sus diferencias.

Esta visión informacional de la totalidad del mundo relega la materia –y la realidad--, a un estatus de existencia equívoca, de mero uso 'conveniente'. Incluso, el medium en que se incorpora siempre la información es también informacional; y esta a su vez descansa en otra información, y así sucesivamente hasta el fondo mismo del origen de la información: Dios. El origen último de la información en el mundo es la inteligencia. Pero además, el Dr. Dembski (2014, 20. pp. 187) piensa que: "...los procesos materiales y mecánicos pueden ser conductos para la información, tomando información prexistente y, sin supervisión directa de la inteligencia, re-empacarla."

Pero resulta bastante difícil concebir la información como transportada o sostenida por otra información, ideas sobre ideas; ni tampoco el re-empaquetamiento de ideas por ideas, y todo esto ocurriendo en la mente de Dios, ya que lo primariamente 'real' propuesto por Dembski, es la información (la materia es una conveniencia práctica). Se cae en un empirismo perceptual en el que el mundo todo queda reducido a información (ideas de Dios). El Dr. Dembski piensa que la información nunca se pierde, pasa de un medium a otro si este se corrompe (supuestamente las ideas que constituyen el medium, son susceptibles de corrupción). *Esta dinámica de la información necesita energía*, y naturalmente no material, sino de sentido, pero en general, no material; no hay transferencia de información sin energía, y como el mundo es concebido como información en comunión, la energía no-material es como el pegamento de esta dinámica de la información; la información y la energía no-material que permite su dinámica, son previas a la materia y su energía, que son inferidas de sus rastros, a modo de información. Este tema, así como la relación de la información con la materia "conveniente", y las intervenciones de Dios en *el mundo que conocemos –sujeto a las leyes materiales*—que comenta el Dr. Dembski, requieren más elaboración que las presentadas por el autor, para hacerlas más coherentes, más comprensibles, y más aceptables.

Determinismo y contingencia.

El Dr. Dembski ciertamente rechaza por insostenible el *determinismo* que presenta el materialismo, y formula la pregunta general de si el mundo en su totalidad pudo haber sido diferente, aunque el mundo local fuera determinista. Tanto el materialismo como el teísmo comparten la dificultad de hablar de contingencia del mundo como totalidad, porque hay que asignar una distribución de probabilidades en forma no-arbitraria en presencia de esta contingencia, y no sabemos de las alternativas posibles (aunque el autor piensa que el teísmo tiene ventajas sobre el materialismo). En la contingencia en el mundo mismo, sí que es posible asignar probabilidades (es de suponer que las posibilidades alternativas a la realizada las puede imaginar el ser humano). El Dr. Dembski (2014, 15. pp. 124) más concretamente escribe a propósito de la observación: "...y la observación entrega una posibilidad con exclusión de otras. En otras palabras, la observación presupone contingencia y entrega información." El punto es que para este autor, la contingencia nos rodea junto con la información.

Origen de la información.

La información tiene su origen en una inteligencia. Para el Dr. Dembski (2014, 20. Pp. 188): "...la creación de información es esencialmente un acto de hablar, en el cual una inteligencia avanza un propósito, articula una nota de información y luego la transmite." En este proceso de generación de información se señala un propósito, tanto en la creación humana, como en la divina. El Dr. Dembski (2014, 20. Pp. 188) considera al habla como el *medium universal* para generar información. La inteligencia, dice el autor, crea información en diversos modos, así tenemos el pintor, el escultor el ingeniero que pintan, esculpen y esbozan planos, todas estas expresiones se pueden representar en lenguaje, de tal modo que se pueden dar instrucciones –obviamente muy precisas-- cómo pintar un cuadro, esculpir una estatua,   tocar una partitura. Dr. Dembski explica: "El lenguaje, concebido como un acto del habla, de este modo llega a ser el *medium universal* para crear información y traer propósito a la realización. Este es un cuadro lingüístico de teleología....//....Solo de este modo los propósitos se mueven de la potencia a la actualidad." Pero, realmente es difícil imaginar que alguien que no sabe nada de pintura pudiera pintar una obra de Renoir siguiendo instrucciones escritas o habladas, por detalladas que fueran. El lenguaje concebido como el idioma de un pueblo (español, inglés, etc.), no está diseñado para transportar todos los estados mentales -- conocimientos o vivencias--, que se quieran expresar, aunque sea el más importante para transmitir información cognitiva; de hecho tenemos distintos lenguajes para distintos tipos de mensajes, como idiomas, lenguajes simbólicos, lenguajes matemáticos; se podría hablar también de lenguajes pictóricos y escultóricos, en pocas palabras, de lenguaje artístico. De manera que 'habla', entendida como 'expresión' general de una inteligencia, es perfectamente coherente con la concepción habitual de información; pero reducir el 'habla' a lenguaje como idioma, es una estrechez   reduccionista. El habla por lo demás, no es material en cuanto a sistema de símbolos con sentido (la voz es un mensaje materializado como ondas sonaros en el aire), de manera que ser el habla el *medium universal* para llevar la información, no es más que una idea llevando a otra idea.

Otro rasgo que el Dr. Dembski (2014, 20. pp. 188-9) destaca de la información es que los: "Actos de habla son inmediatamente exclusivos [eliminan] otros, e irrevocables." Estos actos se realizan con exclusión de otras posibilidades, por ejemplo se eligen y transmiten ciertas palabras, excluyendo a otras: "Los actos del habla exhiben por lo tanto el rasgo definitorio de información." El Dr. Dembski piensa que esta información es irrevocable: "Una vez que la palabra sale, no puede ser traída de vuelta." Estas características de exclusivista e irrevocabilidad del habla: "Son válidas para el hombre, pero también, aparentemente para Dios." Una vez dichas las palabras, ni Dios puede retraerlas. Las palabras tienen consecuencias y estas no se pueden retirar. Dr. Dembski concede a Dios la posibilidad de modificar el impacto de sus palabras agregando otras para enmendar la situación; pero habría que comentar que esta posibilidad también la tienen los seres humanos.

Para el Dr. Dembski (2014, 20. pp. 190): "La inteligencia consiste entonces en elegir entre. En el acto de creación de información, una inteligencia escoge lo que va actualizar dentro de una matriz de posibilidades. En el acto último de creación de información, una inteligencia suprema escoge que mundo actualizar, entre todos los mundos posibles. El mundo así escogido, llega a ser el mundo real." Este mundo real creado –mundo actual--, constituye de acuerdo a Dr. Dembski el telón de fondo para la matriz de posibilidades de todos los actos subsidiarios de creación de información de los seres inteligentes.

Un mundo en comunión.

La visión metafísica del mundo del Dr. Dembski (2014, 21. pp. 197) es un mundo no de interacción de partículas, sino que de información. *Realismo informacional* (RI) es el nombre que corresponde a esta visión en que lo primario de la realidad no es la materia, sino que la in formación: "...la información es tan real como un objeto." Y: "La información es una entidad perfectamente medible." No es una metáfora comenta el autor, sino "un poderoso instrumento para probar la naturaleza de la naturaleza."

El Dr. Dembski (2014, 21. pp. 197) sostiene que ontológicamente: "...las cosas existen en cuanto entran en interacción con otras cosas." El Dr. Dembski explica que el ser del mundo es la totalidad de la información en interrelación; pero esta visión no es monista, puesto que acepta que el origen de esta información es Dios, que es inteligencia creadora. El Dr. Dembski habla de existencia de información interactiva, pero esta información como no está materializada, existe solo como tal, esto es, como ideas de Dios; debemos recordar que en esta visión metafísica del Dr. Dembski, la materia realmente no existe, es solo una conveniencia para facilitar las cosas, de modo que no queda otra conclusión que la información, sus interacciones y la dinámica que las anima, ocurren en la mente de Dios.

Intercambio de información.

El Dr. Dembski (2014, 21. pp. 198) sostiene que: "Es conveniente hablar de intercambio de información en términos de un expedidor que envía comunicación a un receptor por un canal." Pero es preciso recordar que el canal no puede estar constituido por bits ni bytes, puesto que en esta metafísica, no existe la materia; esto viene a ser solo un modo conveniente de hablar. El intercambio de información para el autor, se refiere a una correspondencia entre las informaciones. "La información enviada por un expedidor terminando en un receptor [supuestamente un ser humano], como también en cualquier otra unidad intermediaria de información, puede exhibir una correlación estadística precisa con otra unidad de información volviendo otras más o menos probables." Se trata de una posibilidad que se actualiza excluyendo otras, en una matriz relevante de posibilidades; toda esta dinámica de la información es en buenas cuentas, dinámica de ideas que actualizan y excluyen, lo que no es fácil de entender, porque las ideas no tienen mente, solo significan algo, de modo que la única manera de entender esta situación, es que todo ocurre en la mente de Dios, que es el responsable de lo que sucede con sus ideas.

En la dinámica de las ideas: información, el Dr. Dembski explica que las cosas pasan en el mundo, no como lo pregona el materialismo: *azar y necesidad*, sino que las cosas pasan en *libertad dentro de limitaciones*. Esta dinámica la ilustra el Dr. Dembski con el ejemplo de un poeta que elige (libertad) una métrica, dentro de una gama de métricas disponibles para poesía (limitación). Agregamos solo para ilustrar las consecuencias de esta visión de la dinámica de las cosas naturales (información), que la libertad operando dentro de límites se puede presentar en tres modalidades: -- *necesidad*, la limitación permite solo una posibilidad, pero sin parecido al azar materialista, puesto que una inteligencia pudo haber seleccionado la ocurrencia de una posibilidad. *Azar,* la limitación permite múltiples posibilidades, cuya ocurrencia está caracterizada por una distribución de probabilidades. Y, *diseño*: "la limitación puede permitir múltiples posibilidades, con la que ocurre causada por una inteligencia buscando avanzar un fin o propósito." Pero el Dr. Dembski explica, *lo necesario*, y *el azar* también son teleológicos, en cuanto secundarios a una acción inteligente que los dispone de esa manera; pareciera que esta propuesta en que todo lo que sucede está dispuesto por Dios, tiene mucha resonancia con el teísmo evolutivo.

Dificultades con la ausencia de materia.

En esta visión metafísica del Dr. Dembski, las ideas de Dios (información) constituyen la realidad del mundo y de su dinámica. En otras palabras, se cae en una concepción 'idealista' de la realidad del mundo y del hombre; no hay una realidad creada independiente de la mente de Dios. Somos y vivimos en pensamientos de Dios; una posición metafísico-teológica, ni nueva ni carente de serios problemas, pero este no es el tema que interesa en esta revisión.

El Dr. Dembski (2014, 21. p 199) está consciente que la ausencia de 'materia' en la naturaleza genera dificultades, pero escribe: "No retracto nada de lo que escribí anteriormente acerca de que la materia sea un mito o una conveniencia." Sin embargo quiere dar algún crédito a la materia (no exaltada como en el materialismo), y escribe: "La materia, en la forma de objetos materiales particulares, es real. Tales objetos expresan su realidad informacionalmente." ..... "en la informacionalidad realista, todo expresa su realidad informacionalmente (incluyendo: objetos matemáticos, realidades sociales como el dinero, agencias espirituales como los ángeles, etc.). Para el Dr. Dembski estos objetos al expresar información "...operan dentro de un conjunto particular de limitaciones. Esas limitaciones materiales, como las podemos llamar, incluyen las leyes de la física y de la química, como también la localización en el espacio y en el tiempo. Para un objeto ser material, depende entonces en su expresión informacional, si esta es limitada adecuadamente de esa manera." El Dr. Dembski piensa que su *realismo informacional* es compatible con la información proveniente de objetos materiales, pero también de fuentes de información no materiales. Desgraciadamente el Dr. Dembski no elabora lo suficiente acerca de las características de la materia *per se*, ni acerca de sus propiedades, que parecieran ser fuente de limitaciones para la expresión de la información (base de las leyes naturales).

Pero lo más complicado de hilvanar en esta visión del Dr. Dembski es su concepción de la información. De partida la información proviene de un agente inteligente –Dios--, no es material; son básicamente ideas con propósito de este agente original. Estas ideas se expresan –no se explica exactamente cómo (se supone que continúan siendo ideas)--, luego se conducen por un canal que es, o material creado para este objeto, o tal vez meras ideas, lo que resultaría de difícil comprensión; y terminan en la percepción del ser humano, y en contacto con la materia de los cuerpos naturales. Este contacto de información y materia permanece opaco, no parece que se trate de un transporte material como de bits y bytes, para expresarse (decodificarse) y ser transmitida a otros 'cuerpos' materiales, o no materiales. Tampoco parece que esta información se incorpore a la materia para darle forma y propiedades, como una 'esencia' en una 'materia' en la concepción de la teología tradicional.

Es claro que la ausencia de materia creada en el mundo genera muchos problemas conceptuales, que no son pertinentes para esta revisión; pero platearemos solo una cuestión que consideramos importante, e ilustra las dificultades de la concepción de información propuesta: ¿Qué es lo que la información informa de una piedra y de una poesía? ¿Cómo distinguimos la materialidad de una y la inmaterialidad de la otra? Se podría responder a esta cuestión, diciendo que la información nos indica que la poesía es una composición literaria significativa no material, y la piedra es un cuerpo material que pesa, se mide, etc. Pero el problema con esta explicación para la tesis que discutimos, es que de este modo, la información nos está informando de algo que no es la información misma, nos informa de una existencia separada. Ahora si no aceptamos esta interpretación argumentando que las propiedades de la piedra y de la poesía son derivación directa de la información, volvemos a la concepción de que lo único que existe es información en la mente de Dios; y que la materia es solo una abstracción agregada "conveniente".

La noción de información aparece en esta tesis con visos y énfasis diferentes, a veces la información se presenta como el resultado de un proceso de realización de posibilidades en cualquier contexto (incluyendo la hipótesis -- especulativa -- de mundos posibles alternativos), otras como mensajes de agentes inteligentes, y otras como percepciones de los seres humanos, y naturalmente también se presenta en combinaciones; todas estas variantes o énfasis, bañados en resolución de probabilidades. Este panorama de la información presentado por el autor no es particularmente claro; pienso que esto se debe, al menos en parte, a que se mezcla la noción de información de Shannon de carácter matemático instrumental, con la caracterización de información como mensaje de un agente inteligente (mensajes de estados mentales); esta combinación no es afortunada, porque se trata de dos concepciones diferentes de información, que no son equivalentes, por lo que su unificación resulta problemática. En todo caso, el propósito de esta revisión es solo ilustrar la importancia de mantener un significado lúcido y consistente de la noción de información para evitar equívocos y confusiones, que por desgracia se observan muy a menudo en la literatura. Es importante mantenerse en la definición nuclear de información como mensajes interpersonales de una inteligencia (estados mentales), no hacerlo y mezclarla con otras concepciones, enmaraña la claridad conceptual de un discurso. En este sentido, es importante también, mantener nítida la diferencia conceptual entre información e inteligencia, no hacerlas equivalentes. La inteligencia genera información, pero no es información, ni la información es inteligencia. La inteligencia no solo genera información, como es el caso por ejemplo, la fabricación de artefactos, que muestran al examen humano, una acción inteligente en su génesis, pero que no son ni inteligentes, ni contienen información; solo son objetos abiertos al conocimiento humano, conocimiento que puede ser compartido como información.

En lo que se refiere a la evaluación del valor y del aporte de esta tesis del Dr. Dembski a la teología y a la metafísica, como dicho al comienzo de este artículo, no ha sido el propósito del presente trabajo. Sin embargo, queda claro que el desarrollo de una metafísica y de una teología coherente y consistente, en correspondencia con la ciencia contemporánea, es una necesidad imperiosa en la situación actual en que se encuentran estos saberes. La tesis del Dr. Dembski es un paso en esa dirección, es de esperar que el autor continúe sus investigaciones para contribuir al logro de esa meta.

BIBLIOGRAFÍA:

1 Dr. Dembski, William A. (2014). Being as Communion. A Methaphysics of Information. Ashgate Science and Religion Series.

Raleigh, NC. USA. Noviembre del 2015.